中国科普名家名作

GuShiZhongDeShuXue

趣味数学专辑·典藏版

中国少年儿童新闻出版总社
中国少年兒童出版社
北京

图书在版编目（CIP）数据

故事中的数学（典藏版）/ 谈祥柏著 . — 北京 : 中国少年儿童出版社， 2012.1（2025.3重印）
（中国科普名家名作 · 趣味数学专辑）
ISBN 978-7-5148-0427-0

Ⅰ . ①故… Ⅱ . ①谈… Ⅲ . ①数学—少儿读物 Ⅳ . ① 01—49

中国版本图书馆 CIP 数据核字（2011）第 243302 号

GUSHI ZHONG DE SHUXUE（DIANCANGBAN）
（中国科普名家名作 · 趣味数学专辑）

出版发行： 中国少年儿童新闻出版总社 中国少年兒童出版社
执行出版人： 马兴民
责任出版人： 缪　惟

策　　划： 薛晓哲　　**著　　者：** 谈祥柏
责任编辑： 许碧娟　常　乐　　**封面设计：** 缪　惟
插　　图： 安　雪　　**责任校对：** 杨　宏
责任印务： 厉　静

社　　址： 北京市朝阳区建国门外大街丙 12 号　　**邮政编码：** 100022
总 编 室： 010-57526070　　**发 行 部：** 010-57526568
官方网址： www. ccppg. cn

印刷： 北京市凯鑫彩色印刷有限公司

开本： 880mm × 1230mm　1/32　　**印张：** 10
版次： 2012 年 1 月第 1 版　　**印次：** 2025年3月第33次印刷
字数： 150 千字　　**印数：** 320001-335000册

ISBN 978-7-5148-0427-0　　**定价：** 25.00 元

图书出版质量投诉电话：010-57526069　　电子邮箱：cbzlts@ccppg.com.cn

故事中的数学

傻小子用数学

小说中的数学

目录

笑话中的数学

成语中的数学

计谋中的数学

目录

傻小子用数学

水 乡 人 家

萌萌是个非常聪明的小姑娘，长着两只大大的眼睛，头扎一个马尾辫，都上初中了，还那么爱唱爱跳，活像一只百灵，大家都亲切地称她“小百灵”。她家住在京杭大运河终点附近的一个水乡古镇上。暑假里，她跟随父母北上探亲，看到了外公外婆、舅舅舅母，生活过得好不愉快。

她的表弟淘淘今年正在读小学五年级，人长得憨头憨脑，但头脑很灵活，发散思维特强，说话想问题总是与众不同，有时不免冒出点傻劲，父母总爱亲昵地称他为“傻小子”。一天晚上，全家人一边吃冰镇西瓜，一边聊天。傻小子对表姐说：“明年暑假，我小学毕业想上你家去玩。跟我说说你家周围的环境吧。”

小百灵听完表弟的话，想起了她不久前写的一篇作文，它还是得奖之作呢！里面有些句子，印象很深，还能记得，于是她就像唱山歌似的哼了起来：

要说我们的家乡啊，
世外桃源在水乡，
长街倒映水中央。
家家楼房倚水筑，
小桥流水好风光。
水连水，港连港，
依水为市更兴旺。
运河之水无边际，
白帆出水去远航。

傻小子一听，脑子里马上回忆起他在一本画报上看到过的“运河之旅”摄影图片，恨不得明天就是明年，好跟爸爸妈妈到杭州玩去。

他的发散思维像是“跑野马”，一下子又回到正题上来：“这样说，你家住在一条河滨大街上，只有一侧建有房屋。想必各户人家的门牌号码都是1号、2号这样依序编下去的，其中没有跳号，也没有重号。是这样的吗？”

调皮的小百灵告诉他，除了她家以外，其余各家的门牌号数加起来，正正好好等于“1万”这个整数。接着，她追问了一句：“你能猜得出我家的门牌是几号？这条河滨大街共有多少门牌号码吗?”

傻小子的爸爸妈妈听了这个问题，在一旁微笑起来。他们想，此题不易，其中有两个未知数，需要设 x 与 y，如果按照级数求和公式去套，将会出现二次方程。没有学过代数的小学生，怎么能够解决呢？看来，傻小子这次肯定要出洋相了。

但是他们的估计完全错了，聪明的傻小子马上想起德国大数学家高斯小时候的故事：高斯在他年幼的时候，就能算出 $1+2+3+\cdots+100$ 这个难题。这个故事傻小子听过好多遍，印象极深，不但可以背得出来，而且连和数 5050

都记得清清楚楚。

傻小子心想，既然表姐说和数等于 1 万，那么我也可以来试探一下，看看 1 万是不是 1 +2 + … +150 的和。先来“毛估估”。由于后面的数目越加越大，所以不要先拿 150 作为上限，来个 140 吧！

当然，他用的也是高斯用过的办法：

$$1+2+3+4+5+\cdots+138+139+140$$

$$=70\times 141$$

$$=9870$$（共 70 对，每对之和是 141）。

得到这个数之后，傻小子非常开心，因为它与已知和数 10000 非常接近了。

于是，他把上限修正为 141，不再用上面的办法，干脆直接加上去，得出 9870 + 141 = 10011。

很明显，10011 − 10000 = 11。

他高兴地跳了起来：“表姐！河滨大街共有 141 号门牌，你家住的是第 11 号！”

傻小子的爸爸是个数学教师，他听完儿子的解答后追问一句：“你能肯定这条大街就 141 号吗？”

傻小子沉默了一会儿，然后信心十足地说：“假定还有 142 号，这时总和将是 10011 + 142 = 10153。很明显，表姐家不管住在哪一号，把她家的门牌数扣除之后不可能得出

10000 来。这就说明肯定不存在其他答案，这条大街数字最大的门牌是 141 号。”

爸爸高兴地点点头，为儿子通过一种巧妙的办法解决了这道趣题而高兴。他很有感触地说：“傻小子使用的是一种非常规的、试探性的、别出心裁的办法。其实，在人类的科技进步史上，曾经有过无数类似的事例，它们都是用出奇制胜的方法来解决一些难以解决的问题，这好比是打蛇要打‘七寸’那样。”

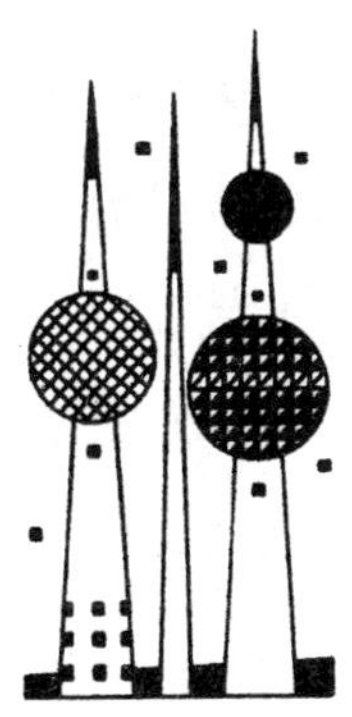

妖精的尾巴

傻小子对小说《封神榜》着了迷，没早没晚地看它，根本没有心思做功课，家庭作业也落下了一大堆。

正巧，科普作家老刘到他家里做客。大家都希望这位大名鼎鼎的“速算老人”能想出些点子，使这个牛脾气的傻小子改邪归正。吃过水饺以后，大家在电视机前聊天。傻小子不怕陌生人，竟同老爷爷有一搭没一搭地聊上了。他们天南地北，无所不谈，竟然说到了狐狸精的尾巴。傻小子眉飞色舞地向爷爷表达他的见解：“亏得有了云中子的照妖镜，才使妖精露出了尾巴。”

老刘一面和他搭腔，一面拿起桌子上乱放的作业本随便翻看。他发现，由于傻小子的粗心大意和漫不经心，有不少乘法都算错了。于是，他笑眯眯地说：“乘法里头也有‘狐狸尾巴’的故事，让我来说给你听。”这席话太出人意料，竟把附近的小百灵等几个玩伴也给吸引了过来。

老爷爷慢吞吞地呷了一口茶，干咳了几下，便打开了话匣子："美国前总统里根下台以后，搬出白宫，全家移居到一所大房子里去住。这座房子的门牌是 666 号，南希夫人一看，心中很不高兴，这不是《圣经》里头的'野兽数'吗？太不吉利了，住进去的人要倒霉的。于是她就通过市政当局，硬是把门牌号改成了 667 号。"

"这个 667，虽然只差一号，却有一些'特异功能'，主要表现在乘法上面。"老爷爷讲到这儿，转向傻小子，"好小子！我看你读书不大用心，但乘法的一些主要性质，总该知道吧！"

傻小子一听，愣头愣脑地顶撞："什么性质不性质，我可不在乎。只要会做题，不就行了吗？不过，你既然提到它，我倒是想听听。"

老刘生怕小孩子玩心太重，屁股坐不牢，便连忙"竹筒倒豆子"似的赶快说出来：

"被乘数 × 乘数 = 乘积，乘积 ÷ 乘数 = 被乘数。这个道理，想必大家都懂。不过，除了知道乘数以外，你必须把乘积全部说出来，别人才能通过除法来还原。假使有人存心'卖关子'，截留下一部分结果，只是把积'尾巴'说出来，要想求出原来的被乘数，一般人恐怕是办不到的。不过，我却能做到。

“不信，先让我们来做一个游戏。你可以在心里随便想一个数，它可以是 1 位数、2 位数或者 3 位数，然后你用这个想定的数去乘 667，求出其乘积。这时你不用告诉我乘积的全部结果，只要透露它的‘尾巴’——想定的数是 1 位数，就说出最右边的 1 位；如果是 2 位数就透露倒数 2 位，3 位数则告诉倒数 3 位——我就能十拿九稳地猜出你心中认定的数目。”

老刘把话刚说完，这下子别说傻小子不信，连小百灵她们也都认为不可能。于是大家七嘴八舌，商议着挑选出几个数字当“狐狸精”，让速算老人猜一猜。

傻小子选的数是 8，这个数现在很受欢迎，有好多人都把它同“发财”直接联系起来。他轻而易举地布下算式：

$$8\times667=5336。$$

“老爷爷，尾巴是 6。”谁知，他的话音刚落，老刘就脱口而出：“傻小子，你那数是 8。”

小百灵心存怀疑，她选了 3 位数 571。以前林彪这个坏蛋曾拿它作策动反革命政变的代号，真是十足的祸国殃民的“妖精”。

$$571\times667=380857。$$

“老爷爷，我的数尾巴是 857！”老刘一听，不慌不忙地说：“小姑娘，你选的数，可是那个非同小可的571啊！”

大家惊奇地跳了起来，一哄而上，围着老刘，要求他说破原理。正在此时，从老刘家打来电话：“外地来人，找你有事，赶快回家。”

老刘匆匆忙忙地走了。傻小子恋恋不舍地送他出门。临走前，老爷爷向他咬咬耳朵，丢下锦囊妙计：“好小子，你拿999试一试，就能找出窍门来。”

傻小子回到家二话没说，就掏出纸和笔算了起来：

$$999 \times 667 = 666333。$$

“尾巴数”是333，同999正好是1比3的关系。这下子可露馅了！窍门原来就在这里：只要把“尾巴数”乘上3，就可使“妖精”露出原形来！

傻小子心中兴奋得不得了，因为他心中已经形成了一种猜想，接下来便是“大胆假设，小心求证”。他拿571等数试了一试，果然完全灵验！他越想越高兴，心里乐滋滋的，比考到100分还要高兴，因为他真的体验到了发现的乐趣。

接着，他寻根刨底。他发现：$667 \times 3 = 2001$，拿任意一个1位数、2位数或者3位数与它相乘，得数的“尾巴”上就是这个数。这好比一个拖鼻涕照镜子的小孩，镜子里的小孩也在拖鼻涕照镜子一样。

可是，4 位以上的数用这个办法就不行了。不过，也有办法，只要把乘数 667 改为 6667 就可以了。正是由于这种奇妙的特性，人们把 666…667 这样的数称为“数字透镜”——它好像是使“狐狸精”显露原形的一面“照妖镜”。

猴子联欢

傻小子属猴，所以，他很偏爱猴子。

于是，在他去江南游玩的时候，也没忘记去会会他的猴子“朋友”。他和百灵等人专程去了趟太湖风景区“猴山”。真是不看不知道，一看吓一跳。“猴山”上居然实行“封建帝制”，一只老公猴在那里称王称霸，随意欺压“臣民”。善良的傻小子看了以后，心里很气愤，暗暗骂道：“无法无天的猴王简直是在给猴子家族抹黑！”

当他们走进一间猴房时，看到18只穿戴讲究的猴子正围坐成一圈，捡食着瓜子、花生、糖果等食物。原来，这些猴子是表演“明星”，它们正在用餐呢！只见它们有的头上扎着彩色花结，身着漂亮的裙子；有的穿着西式马甲，打着领结，个个神气十足。

正巧，18只猴子中公母各占一半，也就是说有9只公的，9 只母的。

“这些‘猴小姐’‘猴先生’们坐得不太合理，‘小姐’和‘先生’们乱坐在一起，似乎不符合社交礼仪。”好事的小百灵像发现新大陆似的说起来了。

“好吧，我来给它们掉换座位，使它们按一公一母这个规律坐。”傻小子自告奋勇。

其他小伙伴们都拍手称赞。于是，傻小子便开始对猴子发号施令起来。挪挪这个，动动那个。由于他没有统一考虑，以为随便掉换几只猴子的位置就行了，没想到猴子可不那么听话，只见这边刚调整好，那边却又乱了套。真是摁下葫芦起了瓢，费了半天工夫也没达到目的。

这时，陪他们同游的舅舅发话了：“办事要有个通盘考虑，要用学过的知识来考虑问题。你不是已经学过奇偶数吗？想想看，有什么好办法，使得用最少的次数就能调整好座位?”

傻小子一听来劲了:“是啊,我怎么就没想到算一算呢?”于是,他掏出纸和笔,画了一个草图。用“+”号代表公猴,“-”号表示母猴,猴子的围坐情况如图1-1。试了试,不成功;再试一试,又失败了。他陷入了苦思。突然,他一跳三丈高,乐不可支地嚷起来:“我有好办法啦!”

于是,他走到猴子旁边,给猴子编上号,数了数坐在奇数号位置上的母猴,共有2只,座号为11、15。他又数了数坐在偶数号上的公猴数,也只有2只,它们是4号和16号。他只掉换了这两对猴子,很快就把座位调好了。对调以后的情况如图1-2。

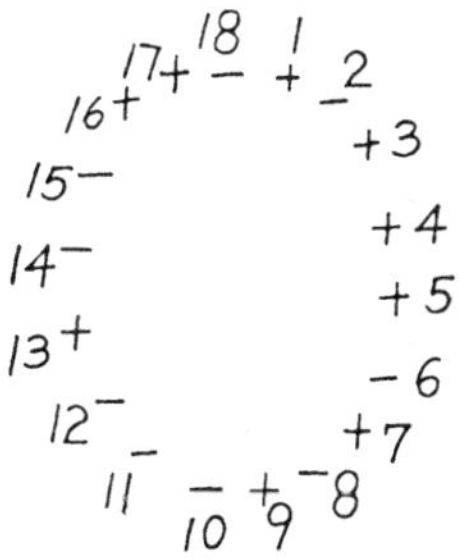

图1-1 对调前

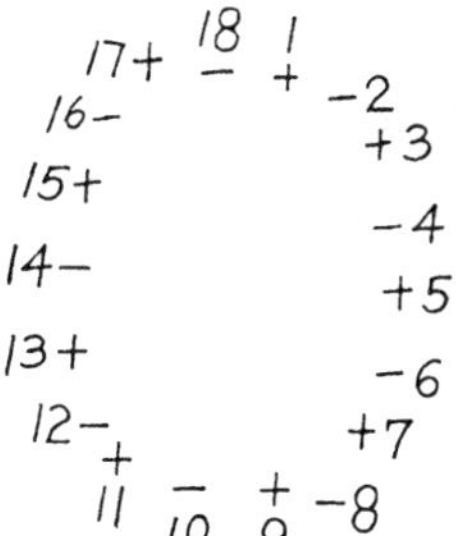

图1-2 对调后

小百灵问:“我掉换奇数号位置上的公猴和偶数号位置上的母猴行吗?”

“当然行,只不过,那样掉换的次数多。你数数,坐在奇数号上的公猴有7只，自然，坐在偶数号上的母猴也有7只，需要掉换7次，这样很麻烦，不快捷。”傻小子说。

他们看完了精彩的动物表演后才离去。

傻小子的方法很好。我们进一步分析一下，可以看出，不论猴子当初怎么坐，总不外乎这两种情况：

（甲）奇数位置上公猴的只数至多不超过4只。

（乙）奇数位置上公猴的只数在5只或5只以上。

这两种情况是相互排斥的，任何坐法不属于甲即属于乙。因为：

如果是甲，那么，可以通过简单的逻辑推理，推出奇数位置上的母猴数不少于5只，偶数位置上的母猴数不多于4只。

如果是乙，那么，可以推出奇数位置上母猴只数不多于4只，也就是偶数位置上公猴的只数不多于4只。

所以，只要解决其中的一种情况，另一种就迎刃而解了——只需要把考虑对象换一下即可。

有记性的糖

小百灵的生日即将来临，大家准备好好庆祝一番。

小百灵的舅舅刚从上海开会回来。此人脑袋瓜特灵，是个不折不扣的“智多星”。大家都夸他点子多，此番筹备生日宴会及余兴节目的任务，不免又要落到他头上。他呢，二话没说，一口就答应了。

在饭桌上，话题忽然转到“怡红公子”贾宝玉身上。大家都知道，《红楼梦》中的宝玉哥儿，只不过十几岁那么点年纪。宝玉的脖子上挂了个“通灵宝玉”，那玩意儿就是现今很时髦的“吉祥物”。说着说着，傻小子忽然开腔道：“今天最好也有个吉祥物来为我们助助兴，那才有劲哩!”

小百灵心领神会，她拿出一大把舅舅早已为她准备好的巧克力糖。小百灵的舅舅买的巧克力糖很有意思，看上去挺别致，像是有意定做的，样子就似一块“通灵宝玉”；

不过巧克力糖是正方形的，上面还刻着 $4\times4=16$ 个方格。

“咦，这巧克力糖怪有趣的，上面还有文字和阿拉伯数字呢！”傻小子边看边说。

大家听了以后，顺手拿过来一看，果然，背面写着 8 个大字“好好学习，天天向上”，正面是填满数字的一个图形（见图 1－3）。

7	12	1	14
2	13	8	11
16	3	10	5
9	6	15	4

图 1－3

大家正在七嘴八舌地议论这些数字时，傻小子大嚷起来：“这些数字真有意思，我发现了它的奥妙啦！”

谁也不肯示弱，大家冲着这玩意儿猜想着其中的奥秘，东说一句，西说一句。最后，还是傻小子讲得原原本本，比较完整。

根据他的概括，这个图形大致有以下几种“特异”性质：

（1）在这 16 个格子里，正好包含着 1 到 16 这 16 个自然数，既不重复，也不遗漏；

（2）任一横行，任一纵列，任一对角线上 4 个数之和都相等，统统等于 34（小百灵记得老师曾经讲过，这种东西叫做幻方，最早的幻方在夏禹治水的远古时期就已经有了）；

（3）任一条“拗断”的对角线上4数之和也等于34，例如12+2+5+15=34，11+10+6+7=34，等等（这在一般幻方中是看不到的）；

（4）大家知道，在国际象棋中，“象”一步可斜走2格，这叫“飞象”；图中，凡是“象”步可到达的任意2格，这2个数之和全都等于17，例如2+15=17，16+1=17，等等；

（5）位于任意一个2×2的小正方形内的4数之和也等于34。

说到这里，小百灵的舅舅情不自禁地夸奖傻小子观察能力真强，同时补充了一句：“傻小子，真有你的。但你还得注意，这种小正方形的顶上2数与底下2数，还有左边2数与右边2数也可以被认为位于同一个2×2的小方格内，因为它们的和也等于34。如图1－4，2+16+11+5=34，12+1+6+15=34，7+12+9+6=34，1+14+15+4=34，等等。”

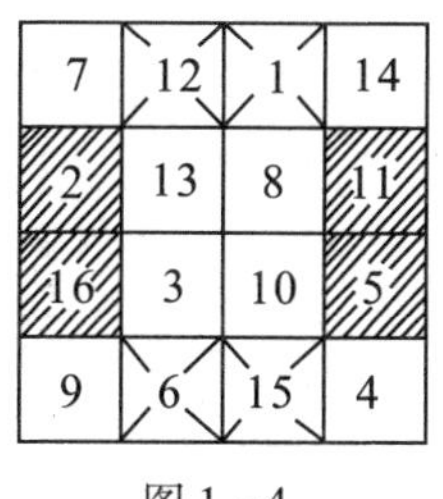

图1－4

舅舅说完，又拿起一把小刀，接着说，沿着任何一条横线或纵线切开，并将切开后的两块进行对调，重新组合成一个新的图形（见下页图1－5），经过这样剧烈的变动之后，你可能会认为，原来的性质已丧失殆尽了吧！然而，令人

7	12	1	14
2	13	8	11
16	3	10	5
9	6	15	4

沿此线 ⇒ 切开

7	12	1	14
2	13	8	11

16	3	10	5
9	6	15	4

上下对调后 ⇒ 重新组合

16	3	10	5
9	6	15	4
7	12	1	14
2	13	8	11

图 1－5

惊讶的是，这种图形好像有强大的记忆力似的，它竟然能保持上面说过的全部 5 条性质，你说奇怪不奇怪?”

“那么，我们是不是已经把这种奇妙图形的奥妙全部交代清楚了呢?”百灵舅舅说，“不，远远没有讲完。这倒不是我存心卖关子，留一手，而是因为如果想作进一步的介绍，就必须要有高深的知识，所以只好再过几年，等你们

掌握了相关知识的时候再说了。”

最后，顺便再讲一句，这种神奇的幻方，以前认为其产地只有印度一家。近年来由于上海浦东开发，在陆家嘴地区发掘出了许多古墓，从这些古墓出土的文物中就有刻有这种图形的玉器挂件，这可是考古学家、数学史研究工作者万万没有想到的！神州大地，无奇不有，真是一个宝库呀！

绕着地球走

小百灵最近看小说《唐明皇》上了瘾，不但自己看得津津有味，还把这部小说推荐给她的表弟傻小子。

一星期后，傻小子到她家来还书，嘴里不住地咕哝："没劲，书里头人太多，记都记不住，比起我看过的那本儒勒·凡尔纳的《八十天环游地球》来，差得远呢！不信，你瞧瞧。"他一面说，一面把那本儒勒·凡尔纳的杰作，丢给了表姐。

"那个跟随安禄山造反的家伙，他的漫游经历难道没有打动你?"小百灵噘起了嘴巴，不无责怪地反问。这一问不要紧，反而提醒了傻小子，使他想起了这两本书的一个共同点——行程问题。

"这个我倒有印象。那人后来弃暗投明，跟随郭子仪收复东、西两京，立下不少战功。唐明皇也不念旧恶，封他为朔方节度使（主管一省或数省的地方军政长官）。战争结束后，他从长安回到家乡，三千里路程走了1个月，一路游山玩水，好不快活。表姐，我问你，他平均每天走多少路呢？”

“这么容易的问题，亏你有脸问我！古时候的1里，就是现在的0.5千米，3000里相当于1500千米，拿30一除，他平均每天不是走了50千米吗？”

“唐朝时候，交通工具很落后，路自然走不快。现在大不相同了，即使乘海船，1天走上250千米，也是轻而易举的事。现在我问你，有一个人沿着北纬60°圈环绕地球1周，再回到出发地，行程约2万千米，要多少天才能回到原地？”傻小子并不生气，还是在除法上继续做他的文章。

“那不是一样的吗？数字虽然不同，问题的性质却没有改变，照老办法列个除法式子算一算就行了。20000÷250=80，唔，正好80天回到了原地。”

“如果照这样算，你就上当了！从前，有一个叫安东尼·皮卡费达的人，跟随麦哲伦一同环游世界。有一天他上岸打听当天究竟是星期几，按照他们的航海日志来看，那天应该是星期三，然而回话的人告诉他，那天已经是星期四了！凡尔纳小说里的主人公，出发前和人打赌一定在星期六回到家乡伦敦。可当他回家时按照他的漫游日志那天应该是星期天，约会已经过期 1 天，赌的东西已输掉了，于是心情十分懊丧。岂知他到家后他家人告诉他那天还是星期六，于是他喜出望外，拼命地向约定地点赶去。”这段话使小百灵有所醒悟。

傻小子接着说，在地球上凡是经度相差 15 度的 2 个地方，在时间上就要相差 1 小时；整个地球共划分为 360 个经度，相当于 1 天 1 夜 24 小时。我们的地球既然是个球体，东和西不可避免要碰头。事实上，东经 180 度和西经 180 度是重合的，汇合于太平洋的中部。于是，天文学家和地理学家们商定了一条“日期变更线”。它弯弯曲曲地穿过太平洋上的无人区，在这条线上，开始了年月日的交替。凡是航海的人，如果从东往西的话，经过这条线时就必须将日子跳过1天；如果是从西往东的话，那就要把同1天计算2次。

噢，原来是这样，小百灵明白了。照这样说，上面那个问题有两个可能的答案。如果那人是从东向西走的，那么，他回到原地应该是用了81天；如果那人是从西向东走的，那么他回到原地应该是用了79天。

看来，无论什么题目，一味地做形式主义的除法是不行的，很易犯错误。要知道，在数学里头，单纯算式题与应用题之间有很大的差异，“一切都以时间、地点和条件为转移”。

美国学生的怪题

“美国的小朋友，他们平时在做什么题呀?”有一天，傻小子忽然自言自语起来。

傻小子办任何事情，总容易“露馅”。即使是自问自答，他的声音也挺大。他刚才的话正好被小百灵听见了。于是，小百灵把他拉进书房，从抽屉里拿出一沓纸条递给他。

傻小子一看，上面写的全是英文，也有一些阿拉伯数字和算式，他不禁皱起眉头来。

小百灵挥挥手：“傻小子，你别心急，翻到背面去看看，全译成中文了。”

傻小子一听，立即翻过一张看起来。但是，当他看到题目时顿时愣了一愣：

一艘货船上装了 75 头牛，32 头羊，试问船长几岁？

傻小子一看，脱口而出：“这道题荒唐透顶！牛、羊与

船长一点儿关系都没有，根本不能做!”

可是，美国的小朋友们却做出了3种答案：

一种意见是船长今年43岁，列出的算式是$75-32=43$；

另一种不甘示弱，他们认为“老”船长的高龄已达107岁，算法是$75+32=107$；

第3种意见是船长的年龄应该算得更“精确”一些，他们的结论是53.5岁，理由是$(75+32)\div 2=107\div 2=53.5$。

这道题其实是不能做的，但是这样认为的人只有8%，居少数。

“美国的孩子，脑筋为什么这样笨?”傻小子与小百灵议论起来，一面又继续看第二道题目“国王是个小气鬼”。

蓬蓬国王为了获得贫穷老百姓的支持，图一个“乐善好施”的好名声，决定施舍每个男人 1 美元，每个女人 40 美分（1 美元等于 100 美分），但他又不想太破费。于是，这位陛下盘算来盘算去，最后想出了一个妙法，决定将他的直升机在正午 12 时在一个贫困的山村着陆。因为他十分清楚，在那个时候，村庄里有 60% 的男人都外出打猎去了。该村庄里共有成年人口 3085 人，儿童忽略不计，女性比男性多。请问，这位“精打细算”的国王要施舍掉多少钱？

由于刚刚受到上面那道“船长年龄”怪题的影响，小百灵看了这道题目之后，几乎想都不想，立即作出了判断：这道题目根本不能做。因为山村里头究竟有多少男人，多少女人，题中没有说明；条件残缺不全，不是明摆着的吗？

可是，傻小子却不这么想。他总觉得题目出得怪，里面有“埋伏”。他想：要么是题目出得有问题，要么是不论有多少男人，答案全都一样。假定村庄里有 1000 个男人，因为 60% 的人都打猎去了，所以国王只能碰到 400 个男人，再加上料理家务的 2085 个女人，所以国王要施舍的钱，应当是 $1\times400+0.4\times2085=400+834=1234$（美元）。如果村庄里只有 500 个男人，那么国王能碰到的男人为 $500\times(1-0.6)=200$（人），他的开销应是 $1\times200+0.4\times2585=1234$（美元）。你看，答案是一样的。

火眼金睛

现在市面上有不少伪劣商品，从假烟、假药、假酒，到假钞票、假护照，甚至还有假书号。社会上有些不法之徒，在地下偷印黄色书刊，可是在书的封面上，居然也煞有介事地搞出一个正式书号来，使你不辨真假，当真以为是某些边远地区（他们大多冒充新疆、青海、内蒙古等地出版社的名义）所出的。甚至有些公安、司法、邮电部门的人，由于不熟悉业务，也被蒙在鼓里。

不久前，南方冒出一桩热点新闻：有位著名舞蹈家的头像，被“嫁接”到一个裸体女人身上，登在一本书的封面。受害人为此专门聘请律师打官司。然而，被指控的出版社在其答辩状中说：“标准书号应该是10位数，那本书的书号却是9位数。本社也是受害者。”三言两语，就把起诉理由驳回去了。

傻小子看到这桩新闻，引起很大兴趣。他想：在“打假治劣”运动中，数学能起什么作用呢？他想从书中找到点线索，但是，任何一本数学书，都没有谈到这个问题。他没有办法，只好去请教一位科普专家。

专家一听，笑眯眯地告诉他：“好小子！你问得好。这个知识很有用啊。现在的国际标准书号，是全世界统一的，简称 ISBN。它共有 10 位*，分成 4 组。第 1 组是表示国家或地区的，例如美国为 0，日本为 4，分给我们中国的数字为 7。因此，你若看到一本中国大陆出版的书，而第 1 个数

* 国际标准书号已由 10 位升至 13 位。

字不是7，那你即使没有孙悟空的火眼金睛，也能一眼看出它是‘白骨精’了。

“第2和第3组是表示出版商与序列号的，各组之间都要用连字符隔开。最后一个数是检验数，它是检验真假的关键。”

“那么，究竟怎样去识别它呢？我们不妨举个例子。这里有一本书，是日本国际情报社发行的，由松田修先生编著，书名叫做《开遍野花的山路》。这本书的书号是4-89322-149-3。你先数一数它是否是10位数。”

傻小子点了点数，然后连连点头称是。

接着，科普专家叫他把这个数字从左至右抄在纸上，并留下足够的空白位置，然后再把第1个数字重抄2遍：

4　8　9　3　2　2　1　4　9　3

4

4

傻小子写完后急忙催促科普专家不要卖关子，快快讲下去。

可是，这位科普专家并不着急，他让傻小子按“三角形”相加的方法把表填下去：表中第2行第2个数按此规律应为4+8=12，第2行第3个数应为12+9=21，这样依序填下去。

傻小子听完以后，莫名其妙，心想：这位先生要什么花招？不过，他还是按照要求把表填完了：

4	8	9	3	2	2	1	4	9	3
4	12	21	24	26	28	29	33	42	45
4	16	37	61	87	115	144	177	219	264

“最后一个数出来了吗?”科普专家问。

“出来了，它是264。”

“你把它用11除一下，如果除得尽，它就通过了检验，表明它是真正的出版物，否则它就是冒牌货。”

傻小子没有直接去除，他用一种著名的判定一个数能被11整除的办法，即把左、右两数一加，2+4=6，正好与夹在当中的数6相等，便肯定264能被11整除。这时他才明白最后一位检验数的作用——它是保证最后一个数能被11整除的关键。

“我还有一个问题没有明白，要是不法之徒也懂得这个窍门，那怎么办呢?”

科普专家淡淡一笑:“《西游记》里有些妖怪，本事很大，连孙悟空也没法对付。现在美国和日本已经发现一些‘高科技’假钞票，连激光识别器也无能为力。但是，你要知道，‘有矛必有盾’，干坏事的人，到头来终会有自投罗网的一天。”

小说中的数学

剃 光 头

《西游记》第 84 回有这样一段情节：

唐三藏师徒 4 人离开陷空山无底洞后，悟空扶着唐僧，沙僧肩挑着行李，八戒牵马，直奔西天大路而去。行进中，忽然看见从路旁两行高高的柳树中走出一个老太婆。她右手搀着一个小孩儿，看到唐僧师徒后，便对他们高叫："和尚们，不要走了，往西去死路一条。那里有一个'灭法国'，国王立下一个大愿，要杀 1 万个和尚。这两年已陆陆续续杀掉了 9996 个无名和尚，正要杀 4 个有名和尚以凑成 1 万之数。你们去，不是自投罗网吗？"

八戒、沙僧听了以后很害怕，想打退堂鼓。孙悟空却口出大言："别怕！我们曾遇到过很多妖魔鬼怪，经历过龙潭虎穴，何曾损伤过一根汗毛？他们只是一些凡人，有什么可怕的？"

话虽这么说，可是灭法国是他们的必经之路，怎样才能通过呢？孙悟空将师父、八戒、沙僧 3 人安置到一个僻静的地方，自己一纵身跳到空中，往下观看城里的动静。接着，他又潜入城中，偷回几套俗人的衣帽。

4 人装扮成俗人进了城，住进了赵寡妇店的大柜子里，不幸半夜被盗贼误当财宝连柜带人一起盗走，又被巡城的官军夺下。这下可倒霉了，落到灭法国国王手里，必死无疑。

半夜三更，孙悟空使了个魔法从柜子里钻出来，径直来到皇宫门外。他又用"大分身普会神法"，将右臂上的毫毛拔下来，吹口仙气变作瞌睡虫，于是全城之中人人昏睡；再将左臂上的毫毛拔下来，吹口仙气，变成了无数个小行者；又将金箍棒变成千百把剃头刀。一声号令，小行者们马上行动，纷纷前往皇宫内院、五府六部里剃头。

早晨，皇宫内院的宫娥彩女、皇后妃子，起来梳洗，发现一个个都没了头发。皇后急忙移灯去看龙床，但见锦被窝中，睡着的也是一个"和尚"。皇后忍不住叫了起来，国王被惊醒。他摸摸自己的头，吓得魂飞魄散。正在慌乱之际，只见六院嫔妃，宫娥彩女，大小太监，皆光着头跪下道："主公，我们都做了和尚啊！"这最后一句真正是画龙点睛，神来之笔。言下之意，国王及其臣妾，都变成了

和尚。按照灭法国的法律，他们也应该被斩杀，被消灭。

好了，问题出来了。灭法国国王把灭法国的一切人员分作两个集合：一个是和尚的集合，另一个是非和尚的集合；而分类的唯一标志便是看看他有无头发。他这个分类标志，其实改变了上述集合。我们知道和尚无头发，可是没有头发的不一定是和尚，也就是说没有头发不一定属于和尚的集合。结果让孙悟空钻了空子。如今全国大大小小的专权派都变作“和尚”，还杀不杀?

于是，国王彻底悔悟，愿拜唐僧为师，吩咐光禄寺大摆筵席，并按照孙悟空的教导，把“灭法国”改名为“钦法国”，恭送他们出城西去取经。

读到这儿，你是不是觉得那位灭法国国王蠢得可笑?

我们知道，“集合”是数学里头最基本的概念。在短短的一回书里，吴承恩先生就活灵活现地突出了这个概念。其实，在整本书里，吴先生还以瑰奇的想象，注入了许多数量类比与关系等数学知识，以后将慢慢介绍给读者。

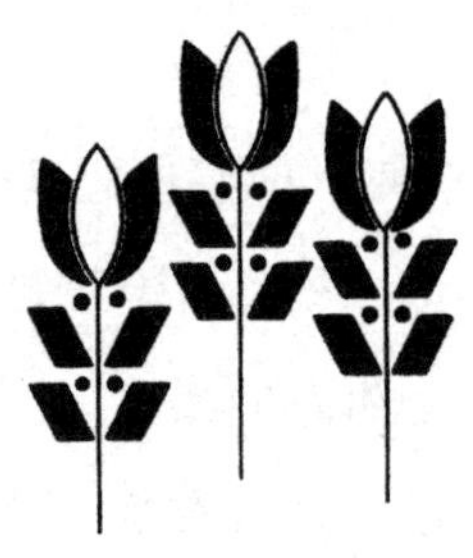

人参果树复活记

唐僧师徒在西天取经路上风尘仆仆。一天到了万寿山五庄观，观里有位大仙，道号镇元子。他这道院里有一棵人参果树，三千年一开花，三千年一结果，再有三千年才成熟。果子同婴孩相似，四肢俱全，五官皆备。人若闻一闻，就能活三百六十岁，若吃一个，可活四万七千年。

那天，刚好镇元大仙不在家，上天办事去了。孙悟空看到门上有一副对联“长生不老神仙府，与天同寿道人家”，便笑道：“这道士说大话吓人。”他心里很不服气，便自作主张地与八戒、沙僧等偷吃了几个人参果。不料看家的两个道童发现果子少了，便指着唐僧，污言秽语地骂不绝口。这下子惹恼了老孙，干脆用金箍棒打倒了人参果树，把园子里的古树名木也都打了个稀巴烂。

镇元子回家一看恼羞成怒，当然不肯罢休，便找他们

算账。他乃地仙之祖，连菩萨也得让他三分，他同行者、八戒、沙僧决斗，仅不过两三个回合，便使出一个袖里乾坤的手段，把宽松的道袍袖子迎风轻轻一展，就将 4 僧连马全部笼住。

镇元大仙吩咐“开油锅”，叫他手下把孙行者抬下去。4 个仙童抬不动，8 个来，也抬不动，最后加到 20 个，总算扛将起来；往锅里一扔，“嘭”的一声，溅起些滚油点子，把小道士们脸上烫出几个大泡。“锅漏了！锅漏了！”小道士们乱喊，定睛一看，锅底已被打破。原来里面是一只石狮子，孙悟空把石狮子变成他的模样，自己早已脱身逃走。

大仙勃然大怒，但也无可奈何，只好同孙悟空讲和：“你若能把树医活，我与你八拜为交，结为兄弟。”

好个猴王，急忙驾起筋斗云，前往东洋大海求助。他前后到过蓬莱、方丈、瀛洲，可是各位仙翁都束手无策。人参果树乃是开天辟地之灵根，如何可治？无方！无方！

最后到了普陀山，求见观世音菩萨。菩萨答应了悟空的要求，用杨柳枝蘸出净瓶中的甘露水。只见片刻之间，那人参果树便变得青枝绿叶郁郁葱葱，园中的其他奇花异草也全都变活。镇元子心中大喜，从树上敲下来10个人参果，办了个“人参果大宴”，请菩萨坐了上面的正席，大家各食一个，皆大欢喜。

镇元子安排丰盛酒菜，与行者结为兄弟。这真是不打不相识，两家合一家。由于机会难得，他建议大家各自植树一棵，留作永久纪念。唐僧师徒、菩萨，福、禄、寿3星，以及五庄观的各位仙灵，正好是12人。

东道主提出：事先得有个规划，设计出一个蓝图，使得植好的树看上去整齐美观，体现出仙家的高水平。这桩任务落到博古通今、知识渊博的唐三藏头上。唐僧果然不负众望，略一思索，便画出下面的图案（图2－1）。大家一看，12棵树种成6行，每行4棵，均匀对称、美观大方兼而有之，纷纷拍手叫好。说时迟，那时快，不消一顿饭工夫，12棵“圣树”都种下去了。

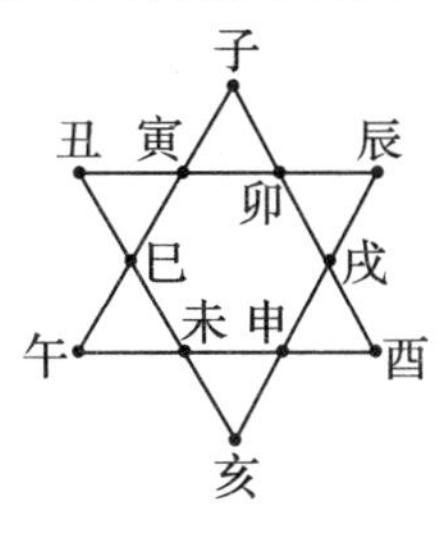

图2－1

种树问题是数学里有名的题目，古今中外有不少人在研究。这个问题有一定难度，它和数学里两门很高深的学科——射影几何与图论都有密切关系。美国趣味数学大师山姆·洛伊德曾经花费大量精力，穷思苦想，进一步得出了如图 2-2“二十棵树”的排列图案。许多孩子看到它之后，都赞叹“这样美丽的几何图案，我在任何公园都从未看到过”！

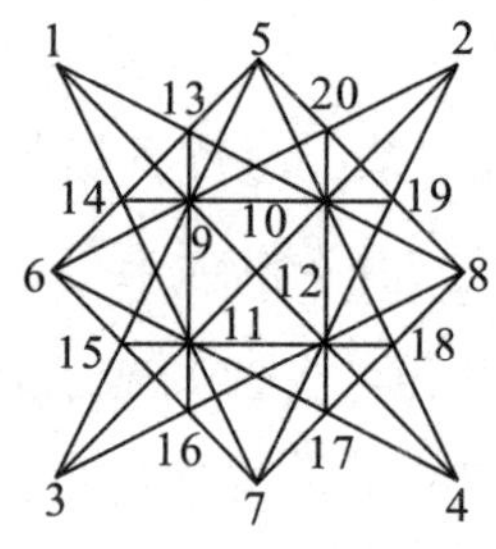

图 2-2

白骨精的“盒饭”

俗话说：“不打不相识。”孙悟空与五庄观的镇元子结为兄弟后，难分难舍。唐僧师徒们一连被款待了五六天。无奈唐三藏取经心切，只好依依惜别。

别了五庄观，来到一座高山。三藏腹中“咕噜咕噜”地响，原来是肚子饿了，便吩咐悟空去化些斋饭来吃。悟空便取了钵盂，纵起一道祥云，直奔南山而去。

常言道：“山高必有怪，岭峻却生精。”孙大圣去时，惊动了妖怪。于是妖怪在山坳里，摇身一变，变作一个18岁的美貌小姑娘，左手提着一个青砂罐儿，右手提着一个绿瓷瓶儿，直奔唐僧而来。猪八戒一见她生得俊俏，不禁动了凡心，忍不住胡言乱语，主动上前去搭讪，问她要到哪里去，提的是些什么东西。那女子回答：“青罐里是香米饭，绿瓶里是炒面筋，特地前来斋与圣僧。”猪八戒怕悟空回来要把饭菜分成4份，于是不容分说，一嘴把罐子拱倒，就要动口。

正好孙行者从南山顶上摘了桃子，托着钵盂，一筋斗翻回来，睁开火眼金睛，认出那女子是妖精，便拿出金箍棒，当头就打。那妖怪倒也有些手段，使个“尸解法”，把尸体留在地上，真身驾云逃走了。

唐僧被吓得战战兢兢，口出责备之言：“这猴头着实无礼！屡劝不听，又无故伤人性命！”行者道：“师父莫怪，你过来看看，这罐子里是什么东西。”说罢，一脚踢倒了瓶罐。

沙和尚搀着唐三藏，近前看时，哪里是什么香米饭，却是一罐子拖着尾巴的长蛆；瓶子里也根本不是炒面筋，却是青蛙、癞蛤蟆，满地乱爬乱跳。唐僧这才有三分相信。

八戒、沙僧等围在一起观看，并清点了数目，真奇怪：青蛙的只数是一个2位数，竟还是一个素数哩！癞蛤蟆比青蛙多，居然也是一个素数，而且这两个素数互为逆序数（一个数与另一个数倒着读时一样，如12和21就互为逆序数）；更奇妙的是，青蛙数的平方与癞蛤蟆数的平方也互为逆序数！

把青蛙和癞蛤蟆加起来，正好等于44只，恰巧是长尾巴蛆虫的只数，正好青蛙和癞蛤蟆“每人”摊到一只。原

来，此妖精便是大名鼎鼎的“白骨精”，那天出师不利，碰到了不买账的孙悟空，给她来个“当头一棒”。于是妖精灵机一动，就用44来影射她的“死月死日”。

那么，你可知道，青蛙和癞蛤蟆到底分别有多少只呢？或许你会说，数据不足，列方程好像也列不出来呀！别着急，44是个偶数，根据赫赫有名的“哥德巴赫猜想”，它可以拆成两个素数之和。对本题来说，拆法有如下几种：

$$44=3+41=7+37=13+31。$$

怀疑对象虽有3对，可是，明眼人一下就能把13与31揪出来！它们不正是互为逆序数吗？另外，$13^2=169$，$31^2=961$，而169与961也正好是互为逆序数。

白骨精的鬼点子就此被识破了。可是当年的唐三藏却没有识破诡计，反而听信了猪八戒的恶言中伤，认为青蛙、癞蛤蟆与长尾蛆都是孙悟空变出来的，还把孙悟空驱逐出去，为此他也差点惹来杀身之祸。没有孙行者的保驾，西天虽有路，取经却无门啊！

花果山的猴子

话说孙悟空因为三打白骨精，被猪八戒在唐僧面前告了一状。唐僧耳软，听信谗言，认为孙悟空滥杀无辜，“出家人慈悲为本，你一连打死 3 人，我说什么也不能收留你了，你回花果山去吧!”

悟空愤愤而去。他纵身一跳，越过了东洋大海，到达花果山下。只见那山上花草俱无，树木干枯，穷山恶水，好不凄惨。正在伤心凭吊之时，忽然听见野草坡前，蔓荆凹里哗啦一响，跳出七八只小猴子。小猴子一拥而上，围住悟空叩头，高叫道：“大圣爷爷，您回来了！小的们有救啦!”随后七嘴八舌地说开了：自从孙大圣大闹天宫，犯了天条，被捉拿归案之后，花果山被显圣二郎神放火烧毁了。

大圣听后，非常难过，便问：“还有多少兄弟在此山上?”群猴回答：“老老小小加在一起只有千把。”大圣大怒道："我那时约有 47000 只猴子，如今都到哪里去了？"

群猴道："自从大圣爷爷去后，这山被二郎神点上火，我们蹲在井里钻在涧内，才保住了性命。"接着，猴子们向孙悟空报告了这场大灾的经过：一开始，猴子们被二郎神的天兵天将们剿杀了一大半；火灭烟消以后，从藏身处逃出来的猴子找不到充饥之物，饿死一半；离乡背井，逃到其他山头另谋出路的又有一半；猎户们上山打猎，刀箭齐施，设阱放毒，把小猴子们拿去剥皮剔骨，酱煮醋蒸，油煎盐炒，当小菜吃的又是一半；被活活抓住，叫它们跳圈做戏，翻筋斗，竖蜻蜓，在街头巷尾，筛锣擂鼓，干着"猢狲耍把戏"行当的也有一半。现在，剩下的猴子并没有散伙，被马、流 2 元帅，奔、芭 2 将军组织起来。这 4 个头头，当初也是由孙悟空封的官。

孙悟空听完之后，勃然大怒。不过，二郎神是玉皇大帝嫡亲外甥，来头太大，他是惹不起的；但猎户们是"软腰"，一定要好好报复他们一下，出一出心头的恶气。孙悟空怎样报复的呢？读者可以自己查书阅读。

花果山猴子的重大减员，是一个很有趣的数学问题。作者吴承恩老先生告诉我们，原有猴子 47000 只左右，大难以后，还剩 1000 左右。不过，这里所说的 47000 与 1000 都是概数。其实，此种说法，并非《西游记》独创。人们常

说：唐、宋、明、清四朝代，各领风骚300年。然而，实际上唐朝的统治年代为公元618到907年，只有289年；宋朝分作南、北两段，是公元960到1279年，有319年之多。如果以300年作为中心数，那么，前者的相对误差为$\frac{300-289}{300}=3.67\%$，后者的相对误差是$\frac{319-300}{300}=6.33\%$，两者都没有超过10%。

被二郎神斩杀的猴子占了总数的一大半。“一大半”是个模糊概念，究竟是多少呢？照现代模糊数学的说法，“一半”是指$\frac{1}{2}$，“大半”在$\frac{2}{3}$左右，“小半”基本上是指$\frac{1}{3}$。

所以，多灾多难的花果山猴群，经过历次减员剩下的猴子数大体可以用$\frac{1}{3}$、$\frac{1}{2}$、$\frac{1}{2}$、$\frac{1}{2}$、$\frac{1}{2}$这一串分数来描述。

现在就让我们推算一下，花果山极盛时期，到底有多少只猴子吧！

先用47010这个数试一试：

$$47010\times\frac{1}{3}=15670,15670\times\frac{1}{2}=7835。$$

但7835是个奇数，不能被2整除了，总不能剩下的猴子有半只零头数吧！所以此数不合题意。

那么，再用47040去试试。这个数比较理想，因为其历次递减情况为：

47040→15680→7840→3920→1960→980。

但是，在接近47000而较它略小一些的数当中，46992也很理想。若以它为基数，则猴群的变化情况为：

46992→15664→7832→3916→1958→979。

我们看到最后的猴子数979，仅比980少1只；而46992的误差却小得多。

因此，不妨认为，孙猴子原先的部下有46992只。这种“倒果为因”的推理法，在科研与应用中是很有用的。

玉帝修炼了多久

《西游记》里那位高坐金阙云宫凌霄宝殿的玉皇大帝，备受尊敬，所有人对他都是诚惶诚恐。然而孙猴子却不买他的账，胆敢举起“造反有理”的大旗，大闹起天宫来。他有他的如意算盘：“皇帝轮流做，明年到我家。他该搬出去，把天宫让给我。”

孙猴子的狂妄野心，遭到如来佛祖的痛斥：“我是西方极乐世界释迦牟尼尊者，南无阿弥陀佛。你只是个猴子，怎敢有如此野心？玉帝自出世就修炼，经历过一千七百五十劫，每劫十二万九千六百年。你算算看，他经历了多少年，才享受到如此至尊高位?”

佛祖的一席话让孙猴子吃惊。他实际上给孙猴子出了一个题目。读者不妨代孙猴子算一算。这里要补充一点，“劫”是一种很长的时间单位。

让我们列出算式吧：

129600 × 1750 = 226800000(年)。

哇，玉皇大帝登基时的岁数是两亿两千六百八十万年！他这一任可以干多久呢？看来也得两亿多年。因为，按照玉帝的经历，下一任玉皇大帝的产生也需要两亿多年。任期如此漫长，当然不可能连任了。那么，从现在到宇宙灭亡，还能有几任玉帝呢？

按照著名天文学家卡尔·萨根的说法，“大爆炸”可能是宇宙的开端，距今大约 150 亿年；宇宙的末日可能是“大压缩”。从现在到“大压缩”，就算还有 150 亿年吧，以 2.268 亿年为一个任期，不难算出：

$$150 \div 2.268 \approx 66.13。$$

常言道：国不可一日无君。所以从现在到宇宙的结束，还要再出来66位玉皇大帝。

但从《西游记》的结尾，我们已经知道，孙悟空已经修成正果，被如来佛祖封为斗战胜佛。有朝一日，孙悟空是完全有可能当上未来的“玉皇大帝”的。

当然，这都是神话故事喽！

盘丝洞悟空降妖

唐三藏师徒一路西行，到了一个山岭。岭下有洞，叫做盘丝洞，里面住着7个女妖怪。

唐僧因腹中饥饿，想去化一顿素斋来吃，便独自走进盘丝洞。众女妖一看唐僧来到，非常热情，由3人陪同唐僧，假意说些因缘，另外4人下厨做饭菜。饭菜竟用人油煎炒，用人脑子做“豆腐干”。唐僧哪敢动口吃。众妖便用绳子把他捆住，悬梁高吊，脊背朝上，肚皮朝下，叫做“仙人指路”。

猪八戒自告奋勇，要去打死妖怪，解救师父。岂知，这时众妖精正在濯垢泉里洗澡。八戒丢下钉耙，“扑”的一声跳下水去，变作一条鲇鱼，在妖怪的腿裆里钻来钻去。妖怪们连忙作法，从肚脐眼里“吐”出丝绳，把八戒罩在当中。原来，妖精们是7只蜘蛛精所变。

八戒被妖怪整得昏头昏脑，忍着痛回来了。悟空一看八戒输了，便带着沙僧和八戒杀气腾腾地来到庄前与妖怪搏斗。

妖怪见他们来势凶猛，一个个现出本相，叫声“变”，马上一个变十个，十个变百个，百个变千个，千个变万个……只见满天飞蝗蜂，遍地舞蜻蜓，毛虫前后咬，蚱蜢上下叮。八戒大惊：“西方路上，虫子也欺负人哩！”悟空却说：“没事！没事！我自有手段！”好个大圣，拔了一根毫毛，一呼气，即刻变出了7种花色的鹰，铺天盖地。鹰最能抓虫，一嘴一个，爪打翅敲，片刻工夫，就消灭了它们。地上积了一尺多厚的昆虫尸体。唐三藏被救出来了，7只蜘蛛精也全都被打死了。

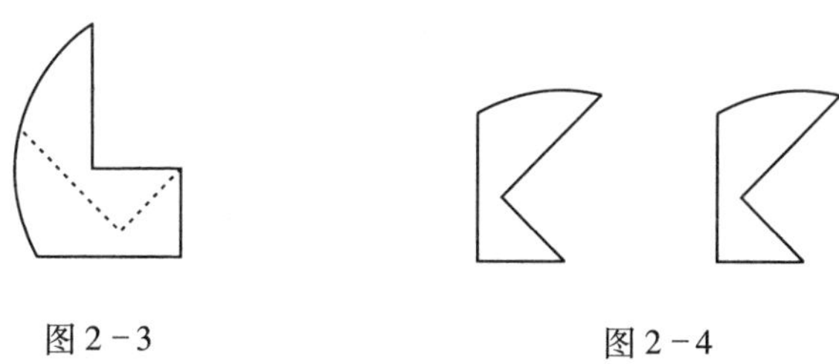

图2-3　　图2-4

悟空真是能耐不小，他有“善变”的本领。在取经路上，他曾经收缴过某妖怪的一件锋利兵器（如图2-3）。八戒、沙僧看了想要，悟空一口答应，便将它分成一模一样的两半，给了他们俩（如图2-4）。

八戒是个糊涂虫，干任何事情都是马马虎虎的。沙僧却要认真得多（所以后来西天取经回来，沙僧虽是师弟，他的“正果”位置却比师兄八戒高得多），他问孙悟空，分到手的兵器同原来的形状怎么不大一样啊？

大圣却说：“我有时候，变出来的小东西能和原来的一模一样！俺老孙有一次翻起一个筋斗云，到了非洲埃及地界。那个地方有个‘狮身人面像’（如下页图 2－5），我略微动动脑筋，就把它 1 分为 4 了。不过，后来我又把它们恢复了原状，免得后人唾骂我破坏文物。此外，我还能分身无数。”悟空真能说大话。

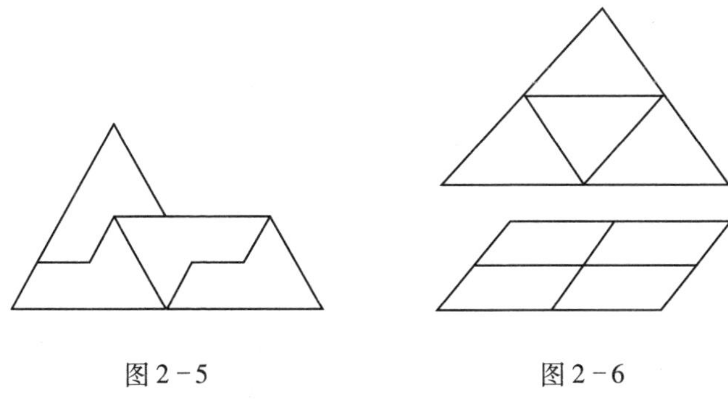

图2－5　　　　图2－6

不过，在数学里，任何三角形或平行四边形都可利用其中线，把它们1分为4（如图2－6）。这样一来，1变4，4变16，16变作64……而任何图形都可以把它们看成是由很小很小的三角形拼出来的！所以，分身无限，在数学里是立得住脚的。

小鸡啄米山

一天，唐僧师徒来到一座荒凉的城市，只见街头冷落，人烟稀少，一片荒凉。几个官员正在市口张贴告示，招聘法师为民求雨。原来，这个地方是天竺国属下的风仙郡。此地3年没下过一滴雨，寸草不生，五谷不长，真可谓草子不生绝五谷，十门九户都啼哭。

孙悟空看了告示后，不屑地说："这有何难？俺老孙送你一场大雨！"说罢，立即念起咒语，召见东海龙王敖光，提出降雨要求。敖光说："启奏大圣，我虽能行雨，但需大圣到天宫奏准。玉帝下一道降雨圣旨后，小龙才敢照办。"

悟空一听，一个筋斗来到西天门外，由邱洪济、张道陵、葛仙翁、许旌阳4大天师引到凌霄宝殿见了玉帝。玉帝问明来意，说：“风仙郡主3年前冒犯了天地，竟敢把斋天的素菜推倒了喂狗。因此我立下规矩，他须办完3件事，才能下雨。”哪3件事呢？

4位天师带领悟空来到披香殿，只见一座米山约有33米高，一座面粉山约有66米高。米山旁边有一只小鸡在啄米吃，一只金色哈巴狗则在长一舌短一舌地舔面吃。铁架上挂着一把长、宽均约半米的金锁，锁把有指头般粗，锁下面有一盏明灯，灯焰燎着锁。玉帝旨意：等小鸡把米啄尽，狗把面舔光，灯焰燎断锁，风仙郡才能下雨。

悟空听后大吃一惊，脱口而出：“这米何时能吃得完？”天师们笑道：“你这猴头，就知道狂妄。你自己算算看，米

山是圆锥形的，高约33米，底面圆半径约为25米。那小鸡一天一夜可吃完37立方厘米。等把米吃完，你说要花多少时间?”

为了救民，悟空岂能坐视不管。于是，他算开了。根据圆锥体积公式计算：

$$V=\frac{1}{3}\pi r^2 h=\frac{1}{3}\times 3.14\times 25^2\times 33$$

$$=21587.5(\text{立方米})。$$

每年按照365天计算，小鸡一年可吃掉米365×37=13505立方厘米=0.013505立方米。啄完这座米山需要的年数为：

$$21587.5\div 0.013505\approx 1598482(\text{年})\approx 160(\text{万年})。$$

大约需要160万年！悟空算完，不禁吐了吐舌头，再也不敢启奏。4大天师笑道：“大圣不必烦恼，若风仙郡主悔过自新，大办善事，那米山、面山顷刻就变小，锁也会立即断开。玉帝只不过存心吓唬他们而已。”

悟空一听开了窍，立即返回，命郡主及众百姓大行善事。郡主及众百姓哪敢不依，个个行善。不久，全郡便出现夜不闭户、路不拾遗的崭新气象。玉帝大悦，命令雨神一日之内下足大雨。只见东西河道条条满，南北溪湾处处通，禾苗得润，枯木回生。从此以后，风仙郡风调雨顺民安乐。为表谢意，风仙郡主请人专门造了一所寺院，取名为“甘霖普济寺”。

八 戒 数 宝

唐僧师徒离开玉华城，路过慈云寺，和尚们挽留他们，一起欢度正月十五元宵佳节。大家一起进城看灯。

正在兴高采烈的时候，突然半空中呼呼风响，出现了3位佛爷。糊涂的唐僧向他们顶礼膜拜。可是佛爷们并不领情，一阵妖风过后，唐僧被抓走了。

天上的值日功曹告诉孙悟空，他们是3只犀牛精，号称“辟寒大王”“辟暑大王”“辟尘大王”。真是狗胆包天，竟敢冒充佛祖。悟空自觉孤掌难鸣，又怕耽搁时间，师父真的被妖精煎吃了，于是赶紧上天求救。玉皇大帝派了二十八宿中4位带有“木”字头的星君下凡去收降妖精，解救唐僧。

这4位星君随同悟空来到了青龙山玄英洞。果然是“一物降一物”，这4位星君，把3个妖精杀得大败，其中一个被咬死，另外两个被生擒活捉，唐僧得救了。

猪八戒和沙僧两人将洞中的宝贝全部搜出来。珊瑚、玛瑙、琥珀、珍珠、美玉、赤金，真是眼花缭乱，美不胜收。此时，孙悟空还在擒妖捉怪，八戒和沙僧闲着没事。

八戒说："咱们把珍宝数数，看看到底有多少件？"沙僧说："我来看管俘虏，二师兄你一人去点数吧。"

八戒真是个懒猪，光想吃喝，不爱动脑筋。他根本不把宝贝分类，而是不分青红皂白地"一锅煮"。又怕1件1件地数太麻烦，于是就2件2件地点数。可是数着数着，前面的数忘了，最后只剩下1件，只好从头再数。这回改成3件3件地数，数到中间竟又忘了，最后也只剩下1件。八戒只好又从头数起，为了快一点儿，这回是4件4件地数，数数又忘了，只知道最后还是剩下1件。

八戒的脑子大概出了毛病，5件5件地数，6件6件地数，7件7件地数，直到10件10件地数，数了多少还是忘了。不过，最后总是剩下1件宝贝。折腾了半天，把八戒累得满头大汗，也没数清楚。"真是活见鬼！妖精的宝贝居然也在戏弄我。"八戒嘟囔着。

懒八戒一次也没有记住准确数，怎么办呢？这个问题解决起来倒也不难。宝贝的总数肯定是2，3，4，5，6，7，8，9，10的倍数再加上1。不过有的小朋友可能会说，要求

出这么一大堆数（共 9 个）的最小公倍数，不是也很麻烦吗？怪不得猪八戒算不出来呢。

告诉你一个小窍门：只要求 5，7，8，9 这 4 个数的最小公倍数就行了。因为能被 8 除尽的数，肯定也能被 2 和 4 除尽，别的数也可依此类推。另外，5，7，8，9 又是互质的，最大公约数是 1。因此，只要把 5，7，8，9 这 4 个数连乘一下就行了，于是可以得到：

$$5 \times 7 \times 8 \times 9 = 2520。$$

再把它加上 1，宝贝的总件数是 2521 件。不过，2520 的任意正整数倍再加上 1 都是满足条件的。当然，那样的话，宝贝太多了，铺天盖地，不把老猪数得昏天黑地才怪呢！

后来，经过审问，妖精招供，宝贝总数的确是2521件。

黄巾军兵力知多少

你看过阅兵的雄伟场面吗？瞧！军士们列成方队，正步走过检阅台前，多么雄壮，多么威武！

说起方队，它倒和东汉末年农民起义英雄张角所领导的队伍有密切关系呢。

打开《三国演义》，在“桃园三结义”之前，就提到了当年的一件翻天覆地的大事——黄巾起义。原来，东汉末年，政治腐败，人心思乱，盗贼蜂起。巨鹿郡有兄弟 3 人——张角、张宝和张梁。张角曾经入山采药遇见一位老人。老人鹤发童颜，从山洞里拿出 3 本“天书”送给他。后来瘟疫流行，张角施诊给药，免费为人治病，信徒越来越多。张角本是一位野心家，到处散布流言，说什么“苍天已死，黄天当立”，打算乘机推翻刘家王朝，自己来做皇帝。

张角的势力日渐膨胀，羽翼渐丰。起义前夜，他下令成立的军事组织就有 36 方。“方”指“方阵”。规模如何呢？《三国演义》告诉我们：“大方万余人，小方六七千。”为了讲得更明确些，不妨分成大、中、小 3 等，其中大方有万余人，中方七千余人，小方六千余人，相当于现在的一个师、旅和团的兵力。

打出造反旗号之后，张角自封“天公将军”，大弟张宝称为“地公将军”，小弟张梁叫做“人公将军”。说起来也真奇怪，把 36 方兵力合起来，再加上“天、地、人”3 位主帅，又正正好好是一个更大的方阵，总兵力可达 20 多万人，声势浩荡。如果没有曹操、刘备、关羽、张飞等半路杀出来，也许张角会成功的。

黄巾军到底有多少人？《三国演义》里讲得模糊。现在，我们可以试探着算一算。

“大方”是多少呢？1 万人略为出头一点儿。由于 $101^2=101\times101=10201$，显然这个数很符合题意。“中方”是 7000 余人，由于 $84\times84=7056$，而 $83\times83=6889$，两者一比较，所以“中方”可认为是每边 84 人的方阵；同样，“小方”有 6000 余人，由于 $78\times78=6084$，而 $77\times77=5929$，看来前一个数是令人满意的。

有意思的是，如果有 10 个“小方”，20 个“中方”，6

个“大方”的话，则将士们合计便是 60840 + 141120 + 61206 = 263166。再加上张家 3 兄弟，总兵力是 263169，不多不少，正正好好是一个大方阵（每边 513 人）。

不少东汉人被张角的数字游戏迷惑，《三国演义》上也说张角有点“妖气”。他巧妙地利用这种手法，使他的追随者越来越多。

烧焦的遗嘱

在美国，大侦探梅森是个名声显赫、家喻户晓的人物。人们认为他目光如电、明察秋毫，能够洞悉一切阴谋诡计。梅森何以有这么大的本事呢？这与他爱好数学，用数学来砥砺心智是分不开的。用他自己的话来说便是：数学是块磨刀石；我的大脑好像一把快刀，不磨就会变钝。

有一次，梅森被当事人请去办一桩棘手的案子。百万富翁、曾经当过得克萨斯州州长的布朗先生，不幸死于一场电线老化而引起的大火。这完全是一个偶发事件，没有凶犯，也没有他人受伤。然而，伤脑筋的是，布朗先生唯一的一张遗嘱被烧焦了，字迹难以辨认。该遗嘱一无副本，二无复印件。不过，布朗先生在生前曾对他的律师及亲友们多次讲过，他的继承人为数众多，百人以上，千人以下，全部遗产要平均分配，各人所得之款一模一样。为此，遗嘱里写着一个长长的除法竖式：

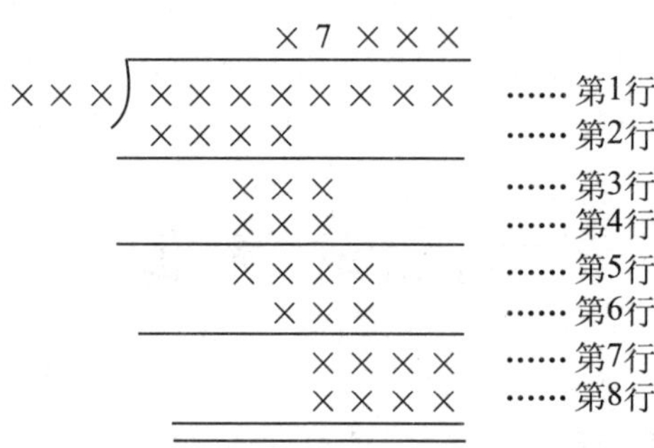

不幸的是，在这个除法算式中，只有商数的第 2 位数字可以辨认出是7。在显微镜下，可以看出除法已经进行到底，而且正好除尽，没有余数。

或许对一般人来说，这样微不足道的线索并没有什么用处，然而，这对梅森来说已经足够了。通过认真思索与无懈可击的推理，梅森发现被除数正好是布朗先生的遗产总值（单位为美元），而除数等于继承人的总数——梅森圆满地解决了这个“无头案”。

那么，梅森是怎样进行逻辑推理的呢?

美国数学家格雷汉曾用这个问题来测试一些人的智力。为了解决这个问题，大家各显神通，所用的方法也大有差别。有的人用了十几个步骤才得出正确结果。其实，要完全解开这个谜，只要3步就行了。请看：

（1）商数的第4个数字肯定为零。因为在算式中可以看到，被除数的最后2个数字被同时拿下来了。

（2）商数的第1个数字与最后1个数字都比商的第3个数字来得大，因为它们与除数的乘积是4位数，而后者仅是3位数。那它们与第2位数字7相比，是大是小呢？容易看出，第4行与第6行都是3位数，而第3和第4行的差数是3位数，第5和第6行的差数只是2位数（从被除数相应位置上直接移下来的数字不算），这就非常有力地证明了，第6行必大于第4行。于是可以肯定，商的第3位数字必定比7大。综合起来看，商的首位数与末位数必等于9，而商的第3位数字为8。于是可以判定，商一定等于97809。

（3）除数的8倍只是个3位数，所以除数决不能大于124。第7行与第8行是完全一样的（否则就意味着除不尽）。除数如果是123或比它更小，第7行的前2位数也必然得不到11。所以，除数既不能大于124，又不能小于124，那就只能是它了。

现在，商数与除数都已求得，我们就可得出完整的除法算式：

```
           9 7 8 0 9
     ______________
124 ) 1 2 1 2 8 3 1 6
      1 1 1 6
      ______________
        9 6 8
        8 6 8
      ______________
        1 0 0 3
          9 9 2
      ______________
            1 1 1 6
            1 1 1 6
      ______________
                  0
```

梅森的推理令人心悦诚服。他得到了一大笔酬金。后来，他把这些酬金全部捐给了儿童慈善团体。

笑话中的数学

搬　　家

城市里的噪音实在是一种公害。每年高考期间，很多城市都规定，市内所有建筑工地停工数日，尤其严禁夜间施工。

但是，古代没有什么噪音的限制，因此，生活在噪音环境里的人，只好学孟夫子的老娘，迁地为安，或者千方百计，动员别人搬家。

话说前清时代，有一户人家正好夹在铜、铁铺子的当中。不论白天黑夜，耳朵里听到的都是沉重的锻击、打铁声音，撕心裂肺，实在吃不消。一年下来，家里人人日见消瘦。此人实在无法可想，只好央求两户人家迁居他处。

两家老板答应了，决定近期择吉迁居。此人一听，好不高兴，于是办了一桌丰盛的酒席，招待两家老板，还备了两份厚礼。席间，高朋满座，谈笑风生，尽欢而散。

这户人家十分欢喜，总算办成了一桩大事。于是，全家南游，前往“人间天堂”苏杭探亲访友去了。谁知回到家里，吵闹之声依然如故。此人大怒，便去责问两家老板为什么说话不算数。

铜匠铺和打铁店老板齐声答：“谁说没搬？我们不是搬了家吗？原在你家左边的迁到右边，原在你家右边的迁往左边。恰好两家店铺的店面大小、设备几乎一模一样，真是各得其所，皆大欢喜。肉包子打狗，怎么不吃？”

此人一听，顿时傻了眼，啼笑皆非，无计可施。这个左右对调，等于原封不动。

还有一个不可取的左右搬家的例子：秋天的秋字，是由两部分组成，左边是“禾”，右边是“火”。但是，在苏、杭等地一些风景区，园林的对联和匾额里，至今仍能看到“秌”的异体字“烁”。左右两个部件一旦搬了家，绝大多数游客（甚至包括导游在内）也就傻了眼，不识这个字了。

数学里头也有这类现象。6666，5775 等数称为“回文数”，它们的特点是左、右互相对称，自然，左右互换，数仍不变。从一个回文数出发，加上它的反序数，往往仍能得出回文数。例如 1111 变成 2222，再变而成 4444，三变而成 8888（见竖式）。不过，再继续下去，由于进位的原因，就不灵了。

$$\begin{array}{r} 1111 \\ +1111 \\ \hline 2222 \end{array} \qquad \begin{array}{r} 2222 \\ +2222 \\ \hline 4444 \end{array} \qquad \begin{array}{r} 4444 \\ +4444 \\ \hline 8888 \end{array}$$

原先不是回文的数，经过反复处理，也有可能变成回文数。我们不妨拿 1644 来试一下：

$$\begin{array}{r} 1644 \\ +4461 \\ \hline 6105 \end{array} \qquad \begin{array}{r} 6105 \\ +5016 \\ \hline 11121 \end{array} \qquad \begin{array}{r} 11121 \\ +12111 \\ \hline 23232 \end{array}$$

23232 是一个回文数。

戴高帽

“文革”期间，某地有位曲艺大师被红卫兵“揪”出来了，大会批，小会斗，天天“忙”得不亦乐乎。那时候非常讲究红和黑，左和右，恨不得把马路上的红绿灯也改一改。别人把袖章戴在左臂，这位大师却被强制规定只能戴在右臂。

有一天，又要把他押到台上去批斗了。“革命小将”要给他戴上高帽，他连忙说：“我有，我有，不敢劳烦小将亲自动手，我已准备好了。”一边说，一边从怀中取出一顶自备纸帽，大约半尺高，自己戴在头上。

一个红卫兵吼道：“不行！你是个很大的反动学术权威，应该戴上最高的高帽子！”曲艺家不慌不忙，点头哈腰，说道：“别急，别急，你们请看。”于是他自己用手一拉，只听“刷”的一声，那顶纸帽子居然被拉成1米多高，上面写着“反动曲艺权威×××”9个字，字迹一个比一个小，好像金字塔一样。

老先生毕恭毕敬地解释：“在天兵天将面前，我真是渺小得可怜，所以我的名字要写得最小最小，还要写得东倒西歪，表明我已被革命小将们斗倒在地，永世不得翻身。”

刚说到这里，就引得台下哄堂大笑。有人甚至笑痛了肚皮，直不起腰来。会议主持人一看，情况不妙，连忙铁青着脸，杀气腾腾地大声呵斥：“老混蛋！这么严肃的批判大会，被你糟成了什么样子？还不快滚，快滚！”于是，批判大会只好草草收场。

给人戴高帽子，可说是中国一大“发明”，究竟起源于何朝何代，已经很难查考。它好比中药里头的甘草，小菜里头的调料，味道浓得很。实际上，外国也有这种玩意儿，甚至其作用也差不多，简直可说“异曲同工”。

上图是美国趣味数学大师山姆·洛伊德所作的漫画。3个淘气鬼，顽皮捣蛋，功课极差，于是被老师和同学们“揪”出来示众。他们被戴上了高帽子，帽子上的那个英文单词“Fool”，就是“笨蛋”或“傻瓜”的意思。他们每人身上有一个数，分别是1，3，6这3个数。

老师要他们排队，使身上的数凑成一个正好能被7整除的3位数，才肯放他们下台。怎么办呢？小家伙们琢磨了半天，调来调去，形成的6个数字316，361，136，163，613，631，统统都不能被7除尽。这不是存心刁难人吗？

后来总算有个好心人看不过去，叫那个6号小淘气站到左边去，头朝下、脚朝上。这样一来，6就变成了9，3位数931正好能被7除尽。头下脚上，好像是在表演杂技——当然这个姿势极不好受。

买 煤 炉

十年动乱期间是一个笑话满天飞的时代。有人曾出过一本《“文革”大笑话选》，其中的笑话构思之奇妙，言语之幽默，是古人连做梦也想不出来的。

“清理阶级队伍”时期，有位“不识时务”的老师还在认真地上数学课，他对大家说：“同学们，这节课给大家讲讲假分数……”

有一个姓左的红卫兵一听，这还了得，“臭老九”又在放毒了！当即“噌”地一下站起来：“最高指示——‘假的就是假的，伪装应当剥去……’革命的同学们，在无产阶级的数学领域里，决不允许虚假的东西存在！我们要真分数，不要假分数！”于是大家一哄而上，揪斗了老师。在他们心目中，分子必须永远小于分母，绝对不能比分母大；至于带分数，那是“和稀泥”，宣扬阶级调和，当然也不允许存在。

姓左的红卫兵被市革委会头头看中，提拔他当了教卫组负责人。一天，他带着秘书来到一所学校作报告。

“同学们，你们如果像张铁生那样交白卷、反潮流，我也可以让你们出国，比如，到……到……亚非拉国家黑西哥去。”

台下哄堂大笑，急得秘书赶紧凑到他耳边说：“墨西哥！读墨！”左某人先是一窘，然后又强作镇定地对学生说：“笑什么，墨不是黑的吗？墨西哥叫黑西哥不也可以吗？你们要是不听我的话，我就把你们送到墨龙江插队落户去！”下面又是一阵哄堂大笑。

“文革”结束，左某被撤销一切职务，当老百姓去了。他在上班时间，经常擅自离岗，东游西逛。在一家出售煤球炉的商店门口，售货员正在热情地向顾客推销：“这是一种新式煤球炉，它最大的特点是省煤，能节省$\frac{1}{3}$。”

“谢谢介绍。我要买 3 只煤炉。”左某直截了当地提出要求。

“你家里有几口人？买 3 只煤炉不嫌多吗？”

“1 只煤炉能节省$\frac{1}{3}$煤，我买 3 只煤炉不是一点儿煤也不要用了吗？这不，$1-\frac{1}{3}-\frac{1}{3}-\frac{1}{3}=0$！伙计，‘文革’时

期你在哪里插队？我看，你的分数没有学好，要不要让我来教教你？”

说完，他扬扬得意起来，昔日教卫组负责人的威风，又摆出来了。

按照规定，此种煤炉必须凭票购买，每张票限购一只，买3只煤炉需要3张票。姓左的说什么也不肯付3张票，只肯拿出2张。他说，你这种煤球炉可以节省$\frac{1}{3}$的煤，那么，按正比例，票子也应该节省$\frac{1}{3}$，所以给你2张票是公平交易。

真是歪理十八条！姓左的如此应用分数与比例概念，实在是让人哭笑不得。

我 不 见 了

古人相信，人死了以后都要上地狱报到，阎王根据他生前的所作所为奖罚他。经过一道道“程序”之后，最后来到第 10 殿“转轮”，以便重新投胎。

有个人一贯做好事，他死后阎王问他想投生什么。此人提出的要求是：“父是尚书子状元，绕家千顷好良田，鱼池奇花样样有，娇妻美妾个个贤，金银米谷都充栋，盈箱绸缎与绫罗。身居一品王公位，安享荣华寿百岁。”阎王一听，不禁伸出舌头：“真有这等好差使，待我自己去，情愿将阎王让你做!”

这个笑话妙在最后一句，据说是清朝文学家、笑话大师石成金的杰作。

石成金还有一则笑话杰作，流传极广：有一个傻里傻气的公差奉命押送一个犯了大罪的和尚，任务非常艰巨。

他怕自己记性不好，丢三落四，于是编了两句口诀：“包裹、雨伞、锁、文书、和尚、我。”一共是6样东西，沿途像念经一样，翻来覆去地背诵。和尚知道他是个呆子，便设法用酒把他灌醉，剃掉他的头发，把枷锁套在他的脖子上，然后自己逃走了。

差人酒醒以后，睁开眼睛，总觉得有点不对头，便自言自语道：“让我查一查看。包裹，有；雨伞，有。”他又摸摸脖子上的枷锁说：“枷锁，有；文书呢，也有。”他忽然惊呼道：“啊呀，不好了，和尚不见了。”过了片刻，他摸了摸自己的光头，喜道：“喜得和尚还在。”最后，顿足

叹道："我不见了。"

大家莫笑差人敌我不分，他的根本错误在于把自己也看成是一件东西，同身外之物混为一谈了。当代大数学家、波兰人谢尔宾斯基的思路居然也有异曲同工之妙。他出门旅行或者参加学术会议时，总要清点随身行李，而且是从第0件开始，接下来是第1件，第2件，第3件，第4件，第5件……别人看他这种傻乎乎的模样，笑问："谢教授，您有几件行李呀?"他总是笑而不答。但是，谁要是偷了他一件行李，他马上就能发觉。

谢尔宾斯基认为传统的那种从1开始的计数法，最后那个数既指最后那件行李，又指行李的总数。这种用法，实际上是把基数与序数混为一谈了，所以他认为需要改革。你们不要认为谢尔宾斯基的想法是标新立异，无事生非，实际上他的观点相当尖锐、深刻。比如说，21世纪始于哪一年，是2000年还是2001年?尽管权威的英国格林尼治天文台认为21世纪应始于2001年1月1日，但是许多国家与天文团体都不买这个账，官司还一直打到了联合国。从本质上来说，这就是计数应始于0还是始于1的差别!

气 走 来 宾

从前，有个人财大气粗，自命不凡，认为有钱能使鬼推磨，没有他办不成的事。但他肚子里缺少墨水，说起话来随随便便，没遮没拦。为此，他得罪了很多人，朋友越来越少。

有一天，他设宴请客，桌上摆满了鸡鸭鱼肉，山珍海味。来宾倒也不少，但他一看，有几个重要人物还没有光临，就不假思索，自言自语道：

“该来的怎么还不来呢？”

在座的客人们一听，心里凉了一大截，心想：照他这么说，我们是不该来的喽！于是，有一半人连招呼也不打就走了。

他一看，这么多人不辞而别，便着急地说：

“啊！不该走的倒走了！”

剩下的人听了，心里好不生气，“他这么说，是当着和尚骂贼秃。这么说，我们是该走的了！”于是，又有$\frac{2}{3}$的人不告而别。

一看这阵势，这位东道主急得直拍大腿：

“这，这，我说的不是他们啊！”

剩下的3个客人听了，心里着实不是滋味，“不是说他们，那当然是说我们啦！”于是，二话不说，也都气冲冲地打道回府了。

结果，宾客全部跑光了，只剩下主人一人干着急。

你知道吗，在这位愣头愣脑的“马大哈”主人说第一句话之前，已到了多少客人？

答案很易算出，列个一元一次方程解一下就行了。设

原有客人为 x，则：

$$\frac{x}{2}+\frac{2}{3}\times\left(\frac{x}{2}\right)+3=x,$$

$$\therefore \quad x=18。$$

所以，他曾有过18位客人。

不过，用心算可以更快些。很明显，3个人即相当于全部宾客一半的$\frac{1}{3}$，由于$\frac{1}{2}\times\frac{1}{3}=\frac{1}{6}$，所以$3\div\frac{1}{6}=3\times6=18$（人）。

人 狗 赛 跳

常言道："狗咬人不算新闻，人咬狗才是新闻。"至于已经成了高级官员的人，还要低三下四去学狗叫，摇尾乞怜，那当然是奇闻中的奇闻了。

话说南宋时代，政治腐败，贿赂盛行。大奸臣韩侂（tuō）胄把持朝政，专权14年，被皇帝封为平原郡王。在他身边，拍马屁的人多得不计其数。

他在临安（现在的杭州）近郊的风景区吴山上造了一个南园，其中有村庄、茅舍，一派田园风光。一天，韩侂胄在园中畅游，扬扬自得，十分开心。游了一阵子，他发话了："造得好极了。美中不足的是，村庄里听不见鸡鸣犬吠之声。"可是，等他到其他地方转悠了一圈重新回来时，竟然听到了狗的叫声。他十分奇怪，连忙派人去察看。原来是临安府尹（古代官名）赵师睪（yì）躲在田埂上装狗叫。韩侂胄便叫赵师羼过来，让他从头表演一番。欣赏过这种特殊口技之后，韩不禁哈哈大笑起来。

韩侂胄跷起大拇指夸道：“府尹所为，正合老夫之心。不过，我还想看看你的腰腿功夫。”于是心生一计，让他同韩夫人所养的宠物哈巴狗比赛跳跃。

韩侂胄命令手下人在距出发点 100 尺远的地方画一条白线，叫赵师羼和哈巴狗从起点同时起跳，抵达白线后再立即跳回，看谁能先跳回来。比赛开始了。狗每分钟跳 3 次，每次跳 2 尺远；赵师羼每分钟跳 2 次，每次跳 3 尺远。

人和狗每分钟都能跳 6 尺，速度相等，应该同时回归原处，但比赛结果是赵师羼输了。这是为什么呢？

原来，赵大人跳 33 下后只有 99 尺，所以必须经过 34 跳，越过白线 2 尺后才能回头，往返共需 68 跳。而哈巴狗跳 50 下正好达到白线，往返共计 100 跳。算一算时间：赵大人要花时间 $68 \div 2 = 34$（分钟），哈巴狗却只需 $100 \div 3 = 33\frac{1}{3}$（分钟）。

所以这场比赛赵大人输了。不过，他以身作狗却赢得了韩侂胄的欢心。

艾子醉酒

从前，有个名叫艾子的人，他喜欢喝酒，整天晕晕乎乎，醉多醒少。他的好朋友们为此忧心忡忡，怕他因此送了性命。但是，不管你怎么劝，他总是“死猪不怕开水烫”，说了白说。一天，有人想出了一条妙计：想办法吓唬他，使他戒酒！

于是，他们用了梁山泊好汉的招数，大块切肉，大碗灌酒，终于使酒量极好的艾子醉倒了。不多一会儿，艾子大吐特吐起来，秽物满地，臭不可闻。艾子的好朋友们按照事先商定的计谋，偷偷把猪肚肠放在秽物里面。在艾子半醉半醒时，故意大声惊呼：“不得了啦！老先生竟醉得把肚肠都吐出来了。常言道‘人要有心肝等五脏才能生存’，现在他吐出了一脏，5－1＝4，只剩下四脏了，怎么能够活得下去呢！”大家哭哭啼啼，好像艾子已经命在旦夕。

艾子被朋友们这一叫，酒醒了八九分。他揉了揉迷糊的眼睛，仔细察看了地上的脏东西，然后慢慢吞吞，不慌不忙地回答："急什么？你们真是少见多怪！唐三藏只有'三脏'，不是活得好好的吗？还到了西天，干出了一番大事业。何况我现在还剩下四脏，4 >3，后劲大着哩！"

朋友们被他这个惊人的回答镇住了，全都目瞪口呆，不知下一步棋该怎么走。

突然，一个人上前猛揍他一拳，大声喝道："什么三脏四脏的，今天你给我在这本撕破的《西游记》里指出个'三'字来，我才放过你，否则还要狠狠地揍你一顿。"

艾子忙不迭地接过书来。哎呀，我的天！这里面哪有

“三”字呢！可是，他眉头一皱，计上心来，指着书上“名山大川”的“川”字，对朋友们说：“这个字就像方才喝饱老酒的我，现在醒过来了。只要再把他灌足老酒，使他呼呼睡下去，一横下身子，不就是你们要找的‘三’字吗?”朋友们听后哑口无语，无不佩服他的机智。

你看，在这个笑话里，不等式和旋转90°的概念不都埋伏在里面了吗?

高明一倍

北齐高祖神武皇帝姓高名欢，是中国历史上的一个重要人物。他兵多将广，领土包括长江以北大部分地区。

一天，高欢大宴群臣。大家都喝得醉醺醺的，席上有人提到了东晋的大文学家郭璞。

郭璞的作品很多，其代表作是《游仙诗》。此诗通过对神仙境界的赞美，表达了郭璞忧国忧民、避祸养生的思想，是中国文学史上的一篇杰作。

席上，高欢带头赞扬郭璞，说他的《游仙诗》写得极好。在座的各位大臣与文人学士都随声附和。

然而，高欢的一位侍从石动筒却站起来大唱反调："此诗有什么了不起！假使让我来作肯定比他要高明一倍。"高欢一听此言，犹如被当头浇了一盆冷水，非常不高兴。他压住心头怒火，厉声责问："你这小子竟敢口出狂言，羞辱大文学家!”便下令叫他也作一首诗来比比，作得好就重赏，作不好就砍脑袋。

石动筒却是胸有成竹，不慌不忙。他说：“郭璞的《游仙诗》里有一名句‘青溪千仞（rèn，古代以七尺为一仞）余，中有一道士’。小臣的作品是‘青溪两千仞，中有二道士’，岂不胜他一倍?”高欢一听，便大笑，笑得把口中的

酒都喷出来了，酒宴达到了高潮。

石动筒巧妙地运用了算术里的比和比例，取得了戏剧性的效果。

然而，有的比例问题，并不像石动筒算得那么简单，比如：1.5 只母鸡在 1.5 天里生 1.5 只蛋，试问 6 只母鸡在

6 天里能生几只蛋？

假使你是石动筒，也许就会脱口而出：“那还用算？当然是6 只喽！”

但是，错了！正确答案不是6 只，而是24 只！

为什么？先保持时间不变，因为1.5 只母鸡在1.5 天里生1.5 个蛋，所以1 只母鸡在1.5 天里生1 只蛋。于是，6 只母鸡在1.5 天里生6 只蛋。

再考虑时间。从1.5 天扩大到6 天，$6\div1.5=4$，所以生出来的蛋数也要按比例扩大到原来的4 倍，因此生出来的蛋应当是$6\times4=24$（只）。

唐伯虎洗澡

苏州是著名的鱼米之乡，在明清两代中状元的人很多，居全国之首。这些状元虽然当时风光无限，享尽荣华富贵，但后世的人们早把他们忘得一干二净。

倒是有个没中状元的唐寅，在六七百年后的今天，还被人们熟知，被称为江南四大才子之一。唐寅还有一个人们更加熟悉的名字——唐伯虎。他不仅是个才子，还是一位大画家。目前，他的任何一幅画，都会被世界各大拍卖行视为无价之宝。唐伯虎为人很风雅、幽默，不拘小节，有不少笑话流传于世。

据说，有一年阴历三月初三，有个姓杨的土豪劣绅拜访唐伯虎，企图以势压人，强迫他无偿作画。唐伯虎不愿见此人，就紧闭门窗，在门上贴上“我正在洗澡，不见客”的留言条。姓杨的看了这个“安民告示”，非常恼火，悻悻而去。

光阴似箭，日月如梭，不知不觉又过了 3 个多月。有一天，唐伯虎说有事要见这个杨某。杨某听到守门人的报告后，不禁暗喜，“好小子！你也有寻上门来的时候。我也让你尝尝‘闭门羹’的滋味。”于是，他也关起门来，在门上贴上“我正在洗澡，不见客”的留言条。十足的翻版，同唐伯虎的原话一模一样。

唐伯虎看到留言，心中大喜：杨某这个笨蛋果然上当了。于是他连忙拿起笔来，在墙壁上题下一首打油诗：

君昔访我我洗浴，我今回访君洗浴。
君访我时三月三，我访君时六月六。

原来，苏、杭一带，民间有句俗话叫做“六月六，狗淴浴（洗澡）”。别人看到唐伯虎的诗，都笑痛了肚皮。杨某却是哑巴吃黄连，有苦说不出。

三月三和六月六，从年初算起其天数大体上是1∶2，也就是“翻番”与“减半”的关系。“翻番”与“减半”是两种最简单的运算。

俄罗斯有个地方的乡下人就只会乘 2（翻番）与除 2（减半），但他们却能做任何两个数的乘法。他们是怎么做

的呢？下面举个例子来看看。计算 89 × 107：首先，把它们并排写在一行；然后把 89 反复除以 2，一直到商为 1；写出所有商数，余数则丢弃不管；107 则相反，要反复乘上 2，也把结果一一写出；最后，在第一列中的奇数上打上“ * ”号，在第二列中对应的数目上打上“ ✓ ”号；打有“ ✓ ”号的数相加所得的结果，就是这两个数的积。请看下面的运算过程：

减半	翻番
89 *	107 ✓
44	214
22	428
11 *	856 ✓

5 *	1712 ✓
2	3424
1 *	6848 ✓

和为 $107+856+1712+6848=9523$，而 89×107 正是等于 9523！

原来，乡下人做乘法的背后隐藏着深刻的二进位原理。

秀才的故事

从前，有个穷秀才在乡下教书，他有个学生是一个地主的儿子。这个地主是有名的守财奴、吝啬鬼，连过端午节也不给先生送节礼（旧时候，春节、端午、中秋是3大重要节日，按规矩，要给教书先生送节礼）。于是先生问学生："你父亲怎么不送节礼?"学生回家问老子，老子说："你回先生说，父亲忘记了。"学生便依照老子的教导来回复。先生听后一本正经地对他说："我出一句对子让你对，若对得好倒也罢了，对不好定要打你。"接着就出了上联：汉有三杰——张良、韩信、尉迟恭。学生对不出，怕挨打，回家哭告父亲。吝啬鬼父亲说："怕什么?你去对先生说，这对子根本就出错了，尉迟恭是唐朝人，不是汉朝人。"学生把这番话"传达"给先生，先生道："你老爹千年前的事儿都记得一清二楚，怎么一个端午节反而忘记了?"

后来，这个秀才的经济状况有所改善，年过花甲之后，元配夫人忽然去世，又娶了一个年轻的女子做老婆。时隔不久，得一子，便取名为“年纪”。一年之后，又得一子，长得很帅，有点儿像个读书的种，于是取名为“学问”。又过了一年，第三个儿子又呱呱坠地。秀才满心欢喜，自言自语道：“如此老年，还生此儿，真乃笑话也。”于是便给小儿取名为“笑话”。

光阴似箭，日月如梭。眼看十几年过去了，3 个儿子都已成为很有力气的青年了，老秀才也教不动书了。穷人的孩子早当家，父母叫他们都上山打柴去。

日头西下，炊烟四起，3 个儿子打柴回来了。老秀才问妻子：“3 个儿子各打了多少柴呀？”妻子回答：“年纪有了一把，学问一点儿也无，笑话倒有一担。”这句天造地设的模糊语言，既说明了儿子们打柴的实际情况，又说明了老秀才的现状，真是一箭双雕。

那一年，老秀才的年龄比“古稀之年”（70 岁）还多出十载，他夫人的岁数是第二个儿子年龄的一倍。说来也巧，母子 4 人的年龄之和正好等于老秀才的年龄。你知道这一家子年龄的总和是多少吗？3 个儿子各自的年龄又是多少呢？

当然，这题并不难解。对于第一个问题，不需作任何计算即可脱口说出：160 岁。

设第二个儿子的年龄为 x，则其母年龄为 $2x$，由于 3 兄弟是在 3 年之内连续出生的，所以他们的年龄之和为：

$$(x-1)+x+(x+1)=3x。$$

于是可按题意列出方程：

$$5x=80,$$

$$\therefore \quad x=16。$$

3 个儿子的年龄分别是 15、16 和 17 岁。

东方朔的妙论

汉武帝刘彻是汉朝皇帝中寿命与统治年代最长的人，做了54年的皇帝。他统治下的汉朝国力强大，民生安定，是汉朝的极盛时期。

到了晚年，汉武帝变得骄傲起来，听不进忠言，还学秦始皇，接连派出好几批人出海上山求仙找药，梦想长生不老。

当时宫廷里养着一个小丑，名叫东方朔，常在武帝身边说些俏皮话，供皇帝谈笑取乐。其实东方朔是一个很有智慧的人，他经常想出一些点子和怪招，劝阻皇上不要去干无益的蠢事，因此后人称颂他为演滑稽与说相声的“祖师爷”。

汉武帝逐渐衰老了。一天，他在宫中照镜子，看到自己满头白发，形容枯槁，便闷闷不乐起来。他对身边的侍从说："看来我终究难免一死。我把国家治理成这个样子，上对得起列祖列宗，下对得住老百姓，也算不错了。只有一件事情放心不下：不知道死后的'阴间'好不好?"众人听了，面面相觑，不敢回话。东方朔却说："阴间好得很，皇上尽管放心去吧!"汉武帝听后大惊，连忙问他："你是怎么知道的?"东方朔不慌不忙地回答："如果那个地方不好，死者一定要逃回来的。可是他们却没有一个人逃归，所以那边肯定好极了，说不定是个极乐世界哩!"汉武帝听后大笑，满面愁容顿时散去。

又有一次，有人从昆仑山瑶池带回灵药，据说是向王母娘娘求来的不死药。不料，此药被东方朔偷吃了。汉武帝大怒，下令把东方朔五花大绑，砍头问罪。别人吓得屁滚尿流，谁都不敢劝阻。东方朔却面不改色，嬉笑自若，他对皇帝说："既然是不死药，皇上是杀不死臣的，何苦多此一举?如果真的把臣杀死了，那就证明不死药没有功效，吃了还是要死的。这种伪劣东西，为什么拿来欺骗皇上?"武帝一听，哈哈大笑，连忙下令放了东方朔，还赏赐他美酒，给他压惊。

东方朔的妙论实际是一种数学逻辑，这不禁令人想起数学里头极其有名的"理发师悖论"。某村规定：自己不能给自己理发；所有的人，必须由全村唯一的理发师理发，

不得有犯。

那么，理发师自己的头该由谁去剃呢？若叫别人来剃，那就违反了规定；如果自己剃，还是违反了规定。左也不是，右也不是，无法对付。

看来，逻辑妙题并非西方人（"理发师悖论"是由英国数学家罗素于1901年提出的）独有啊！

成语中的数学

鹤 立 鸡 群

有一些成语是描写男子之美的，例如“鹤立鸡群”“玉树临风”等等。仙鹤站在鸡群里，自然高出一头，哪怕是锦鸡，也要黯然失色了。

薛平贵穷得成了叫花子，但他在人群中还是显得那么“鹤立鸡群”，乃至相府千金王宝钏一眼就看中了他，在“抛绣球”时有意把彩球抛到他的头上——这在京戏里头是非常有名的。至今在西安郊外，还有“武家坡”“寒窑”等遗址可寻。

不过用“抛绣球”的方式去选意中人，风险实在太大。万一出了差错，怎么收场呢？国外也有此类民间传说，但办法就不一样了。

冬尼亚是古代某大国的一位公主，17 岁那年有一位心上人叫大卫。不过，国王坚决反对女儿自找对象，坚持要

按传统方式办事。

国王的选婿仪式如下：在合适的求婚者中选出 10 人，围着公主站成一圈；接着，由公主选一人作为起点，按照顺时针方向，数到 17（公主的年龄）的这个人即被淘汰出局；继续数下去，数到 17 的人又被淘汰；如此继续进行下去，直到最后只剩下一人，这个人就是上帝所认可的、公主的丈夫。看来，外国人也有“天作之合”那一套。

怎样使大卫最后留下来呢？冬尼亚苦苦思索，终于想出一计。她采取试验办法，用 10 枚金币代替活人，试了又试，最后终于找到正确对策，使自己如愿以偿，同时也使国王相信，大卫确实是“鹤立鸡群”的。

冬尼亚的对策是怎样的呢？原来，她用金币做实验时发现，无论从哪一枚金币开始计数，每次拿走第 17 枚，依此进行，最后剩下来的，必然是最初开始数的第 3 枚金币（图 4－1）。

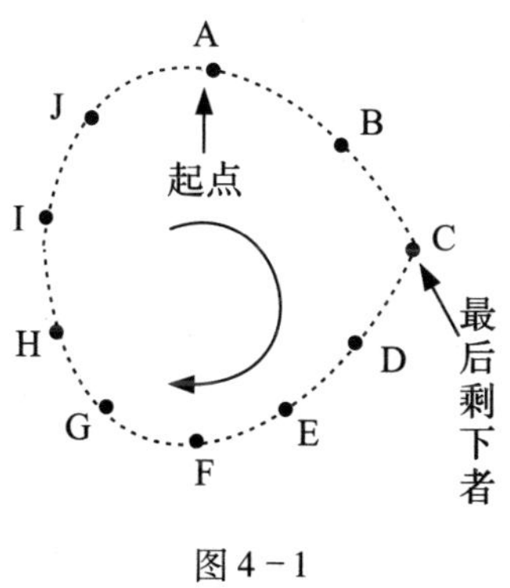

图 4－1

现在，请读者自己验证一下，各位求婚者是不是按

1G　2E　3F　4J　5H　6A　7B　8D　9I

的先后顺序被淘汰出局的？你看最后留下来的不就是 C 吗？

以上这个美丽的传说，已有好几百年历史，一再被人引用，实在有点倒胃口了。17 这个数字也稍微大了一些，数起来很麻烦。能不能改用其他自然数呢？办法不变，但是最后仍然要使大卫留下来，并且要求他站立的原始位置仍是 C 位。

经过一番研究与实验，我果然找到了新办法：只要把 17 改为 5，还是能够使冬尼亚如愿以偿的；当然，中间淘汰的人会有所改变。

把古老的问题加以改进，这也是一种创新意识。

画 蛇 添 足

战国时代，楚王派大将昭阳率军攻打魏国，得胜后又转而攻打齐国。齐王派陈轸（zhěn）为使者去说服昭阳不要攻齐。陈轸作为说客，向昭阳讲了个故事：

楚国有个人在春祭时把一壶酒赏给门客。由于人多酒少，门客们商定，大家在地上画蛇，先画好的人就喝酒；有个门客把蛇画好了，端起酒壶想喝；但他看别人画得很慢，就想再露一手，显显自己的本领。于是，他便左手拿酒壶，右手拿画笔，边画边得意扬扬地说："我还能给蛇添上脚呢！"

正在他添画蛇足时，另一个门客已把蛇画好了。这个门客一面把他的酒壶夺了过去，一面说："蛇本来没有脚，你怎么能给它添上脚？添上脚就不是蛇了，所以第一个画好蛇的人是我不是你！"说完，就毫不客气地把那壶酒通通喝光了。

在现实生活中，这类事情还真不少。让我们再来看一个例子。

有人开了家饭店，由于博采众长，京、粤、川、扬各派名菜兼收并蓄，再加上菜肴价格比较公道，所以生意很好，天天顾客盈门，把老板笑得合不拢嘴。

光顾这家饭店的人除了散客以外，还有不少常客。原来，这家饭店的菜单是极有特色的，一年当中任何 2 天的菜单决不重复。该店的伙食分成 4 大类：主食、特色菜、蔬菜、水果。下面便是其中的细目：

花卷	烤鸭	青菜	西瓜
薯条	叫花鸡	菠菜	香蕉
刀切面	神仙鱼	萝卜	水果羹
大米饭	佛跳墙	花菜	
	镇江肴肉	卷心菜	
		四季豆	
		豆芽	

第一天的菜单可根据每一类的第一种排出，即第一天的菜单是花卷、烤鸭、青菜、西瓜，次日就换到第二种。

当某一类的所有项目通通轮过一遍之后，便从最上面一种重新开始。比如，某一天的菜单是大米饭、佛跳墙、卷心菜和水果羹，那么，下一天的菜单便是花卷、镇江肴肉、四季豆与西瓜。

试问：这种菜单要经过多久才会出现完全重复？

生意太好了，原有的人手有点忙不过来，于是老板重金招聘了一名厨师。后者为了讨好老板，就自作主张，在特色菜项目中增加了甲鱼，蔬菜类项目中加入了北方人爱吃的韭菜。

不料这名厨师反而被老板炒了鱿鱼。有人认为，这是因为甲鱼价格高，增加了菜肴成本，触怒了老板。其实，近年来人工养殖的甲鱼价格已一降再降，在价位上已经同家常菜平起平坐，难分高下了。

你知道厨师被主人解雇的真正原因吗？原来，按照老板的设计，菜单要隔420天才会重复一次。这一点，我们可以从4、5、7、3的最小公倍数得知。这4个数的最小公倍数是它们的乘积420，也就是说，要一年多菜单才会出现完全重复。

但厨师擅自加菜后，4、6、8、3这4个数的最小公倍数仅仅等于24，周期大大缩短了，连一个月都不到。精明的老板大光其火，又怪厨师自作主张，于是便叫他“下岗”了。

论 功 行 赏

“论功行赏”这句成语，最早出于司马迁的《史记》。汉高祖刘邦灭了项羽，当上皇帝之后，要对功臣们评定功绩的大小，给予封赏。由于群臣争相表功，经过一年多时间，还是摆不平。

刘邦认为，萧何的功劳最大。群臣不服，说我们在战场上拼命杀敌，萧何却身居后方；他远离战场，现在却评为第一，我们实在不服。刘邦就用打猎作比方。他说，打猎时，追咬野兽的是猎狗，但发现野兽遗迹的是猎人；大家只是捉到野兽而已，而萧何发现了野兽，指出了攻打目标，其作用就像猎人一样。刘邦这么一说，群臣便不吭声了。

除了萧何之外，还有一个曹参。他攻城夺地，功劳很大。刘邦把他排在第二位，大家也心服口服。

不过，汉高祖刘邦是一个非常自私的人。他把天下看成是刘家的私产，即使有天大的功劳，如果不姓刘，不是他的子侄，最多只能封侯，不能封王。历史学家把他的这种做法称为“非刘不王”。

年终分红时，某大公司的总经理打算送一些“红包”给他手下的5员得力干将。由于功劳大小各有不同，总经理决定按功分配，不能吃“大锅饭”，以体现他的赏罚分明。

大家都知道，在算术里，1的用处极大。一笔巨款、一项工程、一批货物等等都可以用1来表示。换句话说，总经理的意思就是要把1分成不相等的5份，即 $1=\frac{1}{a}+\frac{1}{b}+\frac{1}{c}+\frac{1}{d}+\frac{1}{e}$，其中 a、b、c、d、e 都是互不相等的自然数。哈！这下子我们就把“论功行赏”同算术问题挂上了钩。

办法是很多的。为了节省篇幅，下面就随便提几种办法。

由于

$$1-\frac{1}{2}=\frac{1}{2},\qquad \frac{1}{2}-\frac{1}{3}=\frac{1}{6},$$

$$\frac{1}{3}-\frac{1}{4}=\frac{1}{12},\qquad \frac{1}{4}-\frac{1}{5}=\frac{1}{20},$$

把以上 4 个式子加起来，即有

$$1-\frac{1}{5}=\frac{1}{2}+\frac{1}{6}+\frac{1}{12}+\frac{1}{20}。$$

一移项，马上就得到等式：

$$1=\frac{1}{2}+\frac{1}{5}+\frac{1}{6}+\frac{1}{12}+\frac{1}{20}。$$

另一种办法是，人们注意到$\frac{1}{2}+\frac{1}{3}+\frac{1}{6}=1$，于是$1\times1=\left(\frac{1}{2}+\frac{1}{3}+\frac{1}{6}\right)\times\left(\frac{1}{2}+\frac{1}{3}+\frac{1}{6}\right)$。保留第一个括号里面的前面两项，而把$\frac{1}{6}$与第二个括号里面的分数相乘，即得：

$$1=\frac{1}{2}+\frac{1}{3}+\frac{1}{6}\times\left(\frac{1}{2}+\frac{1}{3}+\frac{1}{6}\right)$$

$$=\frac{1}{2}+\frac{1}{3}+\frac{1}{12}+\frac{1}{18}+\frac{1}{36}。$$

第三种办法是利用完全数 28 的性质。所谓完全数，就是一个数除去它本身以外各因子之和正好等于此数本身。28 是第二个完全数（顺便讲一下，6 是第一个完全数），于是不难写出：

$$1=\frac{1}{2}+\frac{1}{4}+\frac{1}{7}+\frac{1}{14}+\frac{1}{28}。$$

请你们自己开动脑筋，多想出几个答案来，行吗？

洞见症结

只要一提起名医，人们马上就会想到华佗与扁鹊。他们医术精湛，有起死回生的本领。

其实扁鹊在历史上有两人。前一个是黄帝时代的神医，但他只是一个传说中的人物，其事迹已经无从查考。至于现代人所指的扁鹊，是战国时代人，他原来的名字叫秦越人，中国最伟大的历史学家司马迁在《史记》里记载过他的略传。

扁鹊年轻时，曾在一家旅店里做伙计。有位民间医生长桑君常到旅店来住宿。扁鹊见他医道高明，时常向他请教。

当时的医学知识都是父传子、子传孙的，决不传给外人。一旦遭遇意外事故，医术就有失传的危险。长桑君却能大公无私，破除陈规。他看扁鹊聪明过人，虚心好学，又能扶困助危，便决定把自己的本领全部传授给扁鹊。

长桑君从囊中取出一些药物，郑重其事地交给扁鹊，再三叮嘱他说：“你用草木上的露水送服此药，连服 30 天后，就能一通百通，看透许多事物的真相。”

说罢此话，长桑君就把所有的秘方与书籍交付给扁鹊。扁鹊叩头谢恩，表示自己决不辜负老师的期望。长桑君欣慰地连连点头，随即飘然远去，不知所终。

后来，扁鹊依照老师的教导，连服了 30 天的药，竟然能隔墙看见另一边的人，视觉、听觉、嗅觉、触觉和味觉都大大超出常人。他给人看病时，目光如电，能看到病人的五脏六腑，就像现代的 X 射线一样。

“洞见症结”这个成语，就是从上面的传说故事中概括出来的。它的意思是具有敏锐的观察力，能看到事物的关

键所在，从而一针见血地解决问题。

20 世纪的著名数学教育家波利亚教授称这种能力为“洞察力”，也叫“一眼看到底的能力”，它是数学家必须具有的重要素质。

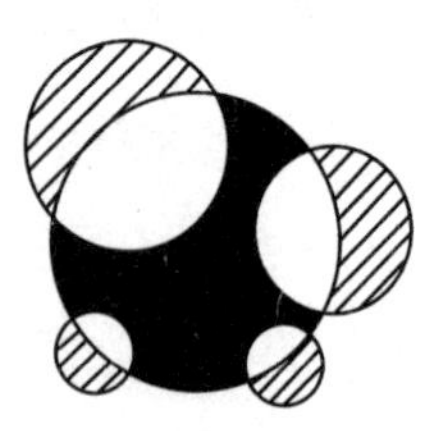

图 4－2

现在让我们来看一个题目。有 5 个圆，其半径分别为 7 cm、5 cm、4 cm、2 cm、2 cm。请问怎样将 4 个较小的圆与最大的圆重叠，使大圆内部实心部分的面积正好等于 4 个小圆外部阴影部分面积的总和（见图 4－2）？

猛一看，这道题非常困难，人们的直觉与根深蒂固的思维定势似乎在诉苦：题目所要求的那种重叠方法兴许是存在的，但要把它找出来谈何容易，简直像大海捞针一样，连个思考的门径都没有！好似有人生了重病，假如没有遇到扁鹊，那就束手无策，只好坐以待毙了！

其实本问题的答案简单得很，只要 4 个较小的圆自己不相重叠，随便怎么摆都行。半径 7 cm 的大圆，其面积是 $49\pi(\text{cm}^2)$；而 4 个小圆的面积之和为 $25\pi+16\pi+4\pi+4\pi=49\pi(\text{cm}^2)$，两者正好相等。现在可以先把 B、C、D、E 4 个小圆摆在大圆 A 圆的外围，然后使 B 圆开始向内移动，渐渐与 A 圆重叠（见下页图 4－3）。此时容易看出，4 个小圆的面积总和（B圆是外侧部分）还是等于A圆被侵蚀后剩下的面积之和——因为双方所失去的面积（图上阴影部分）是相等的。

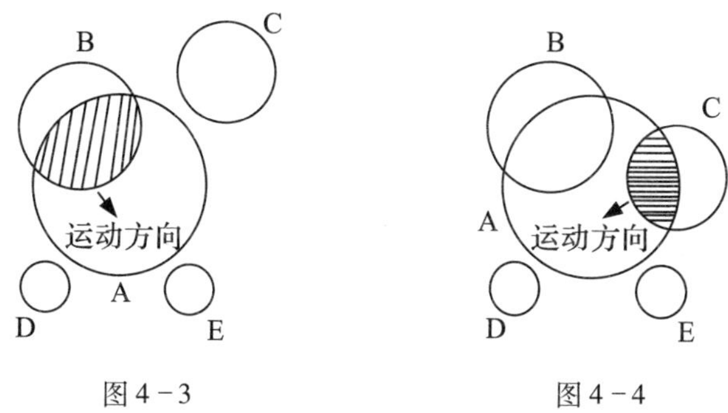

图4-3　　图4-4

随后，我们将A、B、D、E各圆保持不动，而使C圆向A圆移动。这时容易看出，由于双方失去的面积（图4-4中阴影部分）是一样的，所以上述结论依然有效。

剩下的话就不必多说了，动态证法帮助我们解决了问题。洞见症结，对症下药，妙极了！

探囊取物

“五代”在唐朝和宋朝之间，短短50多年时间，却经历了后梁、后唐、后晋、后汉、后周5个短命的王朝，前后出了13个皇帝。

那是一个生灵涂炭，人命犹如草芥的时代，不要说普通老百姓，就是当朝的大臣，说话一不小心，人头就要落地。韩熙载的父亲因为得罪了皇帝，被后唐明宗李嗣源所杀。为免受株连，韩熙载只好逃亡江南。那时长江以南建立了一些大大小小的“独立王国”，称王称霸，中原王朝鞭长莫及，号令不能过长江，拿他们没有办法。

韩熙载有个叫李榖的好朋友为他送行。握别分手时，韩熙载吹起了牛皮：“建都南京的南唐李家王朝倘能用我为宰相，我一定能够率军北伐，迅速平定中原。”

李榖听了，针锋相对地回答：“建都洛阳或开封的中原政权如果请我做宰相，那我一定能帮助皇帝夺取江南各国，好像把手伸进口袋里拿东西那样容易。”

后来的情况又怎样呢？韩熙载逃到南京以后，先后当上南唐皇帝的是李璟（南唐中主）与李煜（南唐后主）父子，他们都是文学家、大词人，荒于酒色，不会治国，在军事上更是十足的门外汉。韩熙载一直未能得到重用。于是他借酒浇愁，成天吃喝玩乐，同歌妓们鬼混在一起。现在流传于世的国宝“韩熙载夜宴图”（几乎任何一本中国绘画史里都要讲到这幅名画）就把当时的情景活灵活现地描摹了下来。

李毂倒与他不同，此人后来弃文就武，做了后周的大将，跟随后周世宗柴荣南征，打过不少胜仗。然而他毕竟没有当上宰相，夸下的海口也未能实现。

“探囊取物”的意思就是把手伸到自己的口袋里去拿东西，也就是易如反掌的意思。这两个成语的意思相近，在小说里头使用的频率很高。比如，在新派武侠小说名家金庸、古龙、梁羽生的作品里，就常常讲到一些飞仙剑侠，他们砍下仇人的脑袋，就像探囊取物一样容易。

大家都知道，在加、减、乘、除四则运算中，做除法最麻烦，速度也最慢。要说做除法也像探囊取物那样容易，许多人都不相信。

不过，这是就一般情况来说的。在个别情况下，做除法也可以不费吹灰之力。只要把被除数、除数一说出口，有人就把答数求出来了，简直像眨眨眼睛那样容易。例如：

$$717948 \div 4 = 179487。$$

原来，做除法的人其实根本没有实实在在地去“除”，而是把最高位上的7转移到个位上去，其他数字原封不动，就得出了正确的答数。天哪，这真是怪事一桩啊！

读者们在惊讶之余，自然会追究它们的来历。原来，怪异的被除数与商数都同循环小数有联系。通过把循环小数化成分数(《十万个为什么·新世纪版》的数学分册里就有具体化法，为了节省篇幅，这里不说了)，我们可以得出：

$$0.179487=\frac{7}{39},$$

$$0.717948=\frac{28}{39}。$$

于是就有当然成立的等式：

$$\frac{28}{39}\div\frac{7}{39}=\frac{28}{39}\times\frac{39}{7}=4。$$

类似的例子还可以举出许多。因此，要想学好数学，除了抓“共性”之外，还要抓“个性”。大锅饭要吃，有时也要开开小灶，否则就倒胃口了。

百 丈 竿 头

佛教自东汉明帝时开始传入中国，至今已有 1900 多年了。它对中国文化的影响十分深远。别的不说，就拿成语来说吧，汉语中就融入了大量的佛教名词，如“当头棒喝”，“不二法门”，“一日不作，一日不食”，等等。

“百丈竿头”（有时也叫“百尺竿头”）就是一个人们喜欢使用的、从佛教那里引用过来的成语。它使用频率相当高，具有积极向上等正面意思，也有更进一步的寓意。

中华书局出版的佛学名著《五灯会元》里讲到一则和这个成语有关的故事。宋朝时期，湖南长沙出了一位高僧，法号招贤大师。他道德高尚，佛学知识渊博，经常被人请到各地去讲经。

有一天，法师应邀到湘江岸边一座著名寺院去讲经。前来听讲的僧、俗人等座无虚席。大师讲得深入浅出，听众们深受启发。讲经结束后，大家还舍不得离开，气氛十分热烈。最后，大师拿出一个记录唱词的小本本，高声朗诵了一个偈：

百丈竿头不动人，虽然得入未为真。

百丈竿头须进步，十方世界是全身。

大意是说：一百丈的竹竿并不能算高，大家要努力去探讨十方世界，即研究空间与时间的终极真理。

在数学里，类似例子更多，下面只讲一个“幻方”的例子。

众所周知，三阶幻方“洛书”早就被人们发现了。许多人都认为，“洛书”的所有性质早已被研究得一清二楚，再也榨不出什么“油水”来了。但是，近年来的研究却发现，“洛书”的奇妙性质远远没有发掘完，比如，“洛书”中原图周边的8个数，如果两两结合起来构成两位数，则可得出令人耳目一新的等式：

$$92+27+76+61+18+83+34+49$$
$$=94+43+38+81+16+67+72+29;$$
$$92^2+27^2+76^2+61^2+18^2+83^2+34^2+49^2$$
$$=94^2+43^2+38^2+81^2+16^2+67^2+72^2+29^2;$$

$$92^3+27^3+76^3+61^3+18^3+83^3+34^3+49^3$$
$$=94^3+43^3+38^3+81^3+16^3+67^3+72^3+29^3。$$

我们指出：一次方之和为 440，二次方之和为 29460，三次方之和为 2198900。如果不相信，你们可以自己去验算一番。

这可真是应验了“百丈竿头，更进一步”这句成语了。将来“洛书”还会有什么性质被发掘出来，人们倒不敢打包票了。

南 辕 北 辙

这个成语出自《战国策》。

战国时代，魏国人口众多，国力强盛。有一年，魏王心血来潮，打算发兵攻打赵国。赵、魏本是友好邻邦，唇齿相依。季梁知道这个消息以后，忧心如焚，连忙动身去劝阻。

见到魏王后，季梁对魏王说：大王这次攻赵，我也帮不上什么忙，就给大王讲个故事，给大王解解闷。在下这次来见大王，在太行山一带碰到一个怪人，他坐着车驶向北方，却告诉我他的目的地是楚国。我十分奇怪，连忙提醒他，你要去的楚国在南方，怎么朝北走呢？他指着自己的马回答，咱的马好，它跑得快；又指指随身行李，咱带的钱多，足够路上开销；接着，又向我指指马夫，咱有个善于驾车的马夫。说罢，他扬扬得意，乐不可支地大笑起来。我看这个人愚不可及，根本听不进意见，只好随他去。其实，他的马跑得越快，马夫越是善于驾车，他离楚国就越远；钱带得再多，也帮不了他的忙。

魏王听了这个杜撰的途中见闻，忍不住笑了。他叹口气说：“这个人真笨，居然想不到掉头！”

季梁一听，机会来了。他连忙接过话头：“如今大王想接过齐桓公、晋文公的班，成为天下的霸主，必须一举一动都要得民心。如果只倚仗自己兵多将广，便去进攻赵国，此种做法实在是毫无道理，势必离霸主越来越远，就像要想去楚国而朝北走一样。”

魏王一听，觉得很有道理，就决定停止攻赵了。

这便是“南辕北辙”的来历。所谓“辕”是指车子前面夹住马匹的两根长木，“辙”的意思则是车轮碾过的痕迹。一南一北，相差180°，当然达不到目的了。

总算魏王采纳了季梁的意见，来了一个快速掉头，才不致铸成大错。

有一道“快速掉头”的趣味智力题，设计者是著名科普大师马丁·加德纳。你看，图4－5上是一条“金鱼”，正在向上游。其实，它是由10根火柴棒拼起来的。画这幅图可以先画中间的6根，就是物理书上常见的“锯齿波”，然后把一头一尾加上去，“金鱼”的形状就立刻出来了。

图4－5

现在，要求你只移动其中的3根火柴棒，使这条“金鱼”马上“掉头”，由向上运动变为向下运动（图4－6）。我们知道，在地图上的方位是上北下南，左西右东。所以套用“南辕北辙”这则成语故事，问题的要求便是：使游

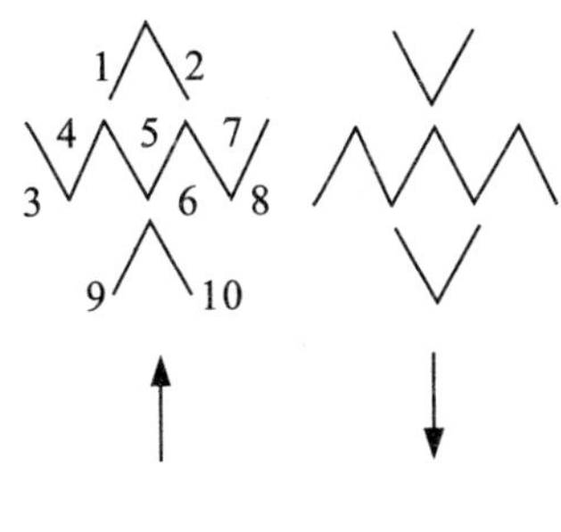

图4－6

到赵国去的“金鱼”游到楚国去！为了方便起见，让我们把火柴棒编号，移法如下：

8 移到 3 的左边；

2 移到 1 的左边；

10 移到 9 的左边。

读者们不妨试试其他移动方法。

一 字 千 金

历史学家司马迁在《史记》中写了一篇《吕不韦列传》。他告诉我们，吕不韦曾经做过秦庄襄王与秦始皇的相国，当时权势熏天。《吕氏春秋》是他门下宾客的集体创作，分为八览、六论、十二纪，共20多万字，号称天地万物、古今之事无所不包。

吕不韦的致命伤是明于知彼而昧于知己，对别人的事情了解得一清二楚，还能用充满哲理的“寓言”去教育人，对自己却并无自知之明。《吕氏春秋》问世以后，他有点忘乎所以了，居然把它公布于秦国首都咸阳的城门口，并设下千金重赏，凡能增换一字者即可获奖。

什么样的好文章，好得简直不能更改一个字？这就使我们想起我国语文界权威、上海复旦大学名誉校长陈望道老先生，在研究“修辞学”时所举的一个有趣的例子——

“黄犬奔马”句法的优劣工拙讨论。

据说宋代文学家有一次以“黄犬奔马”为例讨论句法的优劣工拙。“黄犬奔马”说的是有匹野性难驯的劣马从马厩里逃出来，一路没命般地狂奔，把一只避让不及的狗踏死了。他们以这则故事分别写一短句，最后比比谁说的句法优。这样一则故事，当时就有6种写法：

1. 有奔马践死一犬。
2. 马逸，有黄犬遇蹄而毙。
3. 有犬死奔马之下。
4. 有奔马毙犬于道。
5. 有犬卧通衢，逸马蹄而死之。
6. 逸马杀犬于道。

当时连大文学家欧阳修也卷入了这场争论。讨论来讨论去，由于意思有轻重，文辞有宾主之分，各方面意见不统一，始终得不出个结论。

数学问题的情况就大不相同了。数学号称精密科学，有时真是不能改动一个数字，甚至不能改动一个小数点。

下面就来谈一个有趣的、关于“改良骰子”的故事。

常见的骰子有两枚，每枚上面刻着从1点到6点的6个数字。古书上说，它是由三国时期的著名才子曹植发明的，后来通过“丝绸之路”，逐步传到欧洲等西方国家，至今他们的骰子几乎同我们的一模一样。两枚骰子所能表达的数非常有限，仅仅是2点到12点，而且机会又不均衡。比如，和为7点的机会竟是和为12点的机会的6倍。

于是有位数学爱好者白羊先生想出了一种革新骰子的办法。此种改良骰子也有两枚，然而它能表达的和数远远超过老式骰子。最妙的是，对于一切和数，所掷出的机会都是完全相等的，也就是等概率的。白羊先生的骰子上还规定不准使用4、9、16、25、36等平方数，但1不属此列——因为$1^n=1$（这里的n可以是任意实数）。至于为什

么不准刻上这些“正方形数”，这里就不提了。

他的设计方案如下：一枚骰子的 6 个面上，分别刻着 1、2、7、8、13、14；另一枚骰子的 6 个面上，则分别刻着 1、3、5、19、21、23。用这两枚骰子可以掷出从 2 点到 37 点的所有点数，且和数的表达式是唯一的。

请问：你能从中改动一个数字吗？

物以类聚

战国时代，号称“东方大国”的齐国出了一位能人，名叫淳于髡（kūn）。他为人诙谐机智，说起话来非常幽默风趣，可以说是滑稽界的一位老前辈。他是齐宣王手下的亲信随从，虽然不是大官，却深受重用。

齐宣王想要招纳贤士，振兴齐国，对抗西边虎视眈眈的秦国。于是，齐宣王叫淳于髡推荐人才。淳于髡满口答应，在一天之内，向齐王举荐了7位贤能人士。齐宣王十分惊讶，别人也在背后冷言冷语，说长道短。

齐宣王忍不住，就问淳于髡：“我听说人才难得，现在你居然在一天之内推荐了7位贤人，不是太多了吗？真叫我不敢相信。”

淳于髡回答道：“话不能这么说。要知道，同类的鸟儿总是聚居在一起，同类的野兽也总是在一起行走。到沼泽地里去寻找柴胡、桔梗等药材，就好像爬到树上去抓鱼，永远别想找到；但是到我国有名的梁父山的背面去寻找，就可以成车成担地装回来。这就叫做‘物以类聚，人以群分’，是理所当然的道理，用不着大惊小怪。现在我淳于髡也可以算是贤人吧，您到我这儿来寻找贤士，就好比到河里去汲水，用火石去打火那样容易。7个人不算多，咱还可

以再推荐一些呢！”

淳于髡说得眉飞色舞，由于不存私心，讲起来自然理直气壮。这一席话说得齐宣王心服口服，也就放心大胆地使用这些人才了。

同类事物总是聚集在一起——淳于髡说出了一个朴素的真理。地质、矿物学上有一些“共生矿”；有志登山者，

往往组织起一个“登山俱乐部”；甚至冷冰冰的数字，它们也喜欢“聚族而居”。

谁都知道，在＋、－、×、÷四则运算中，要数除法最麻烦，但其中也有不少窍门。比如，两个自然数相除时，如果它们之间没有公约数，且除数为9、99、999、9999（一连串的9，或者写成10^n-1）等形式时，那么商的小数部分必定是循环小数；构成循环节的数字，就是被除数的原数，而循环节的位数便是除数里头所含“9”的个数。

这些话说起来很啰唆，但做起来却简单，例如：

$$4\div 9=0.\dot{4}\text{，}$$

$$4283\div 9999=0.\dot{4}28\dot{3}\text{。}$$

要注意，有时在有效数字的前面需要加0，例如：

$$123\div 99999=0.\dot{0}012\dot{3}\text{。}$$

这样做除法，垂手就可得出商，其速度甚至不比加法慢。

常言道“运用之妙，存乎一心”（这也是句成语），我们也可以触类旁通，灵活应用上述办法。比如，当除数为27、37、909等数时，可以配成99…9的形状。例如：

$$32\div 27=(32\times 37)\div(27\times 37)$$

$$=1184\div 999=1.\dot{1}8\dot{5}\text{；}$$

$$1234\div 909=1+(325\div 909)$$

$$=1+(325\times 11)\div(909\times 11)$$

$$=1+3575\div 9999=1.\dot{3}57\dot{5}$$ 。

又当除数为 11、111、1111 等形式时，也可以用类似的“配 9 法”去做。例如：

$$234\div 1111=(234\times 9)\div(1111\times 9)$$

$$=2106\div 9999=0.\dot{2}10\dot{6}$$ 。

如果想得出近似商，由于已经掌握了循环节，所以随便从哪一位截取或“四舍五入”，都是信手便得、毫无困难的。

速算有许多规则，它们也是同类事物相聚成类的——只要懂得了这一点，你想成为速算专家也就不难了。

东窗事发

公元1140年，岳飞率岳家军在河南朱仙镇和金军会战。战斗中金军节节败退，溃不成军。正当岳家军准备挥师北上，收复河山时，推行卖国投降路线的当朝宰相秦桧，和金兵统帅兀术勾结，议定除掉岳飞之后两国讲和。

宋高宗赵构也有他的私心。他怕金国败亡以后，被捉去当俘虏的父亲（宋徽宗）与哥哥（宋钦宗）一旦放回来，他的皇帝可能就当不成了。于是，他连下12道金牌，硬要岳飞退兵。岳飞回临安（南宋的京城，即现在的杭州市）后，马上就被解除了兵权。不久，秦桧指使他的爪牙诬告岳飞想造反，把他逮捕入狱。但是，岳飞宁死不屈，一时无法定罪。“缚虎容易纵虎难”，秦桧和他的老婆王氏就在卧室的东窗之下密谋对策。他授意一些狗腿子伪造证据，又买通了曾在岳飞手下当过将官的叛徒王俊，最后以“莫须有”（宋代语言，相当于“或许有”）的罪名，在公元1142年1月27日杀害了岳飞等人。

1155年，作恶多端的秦桧终于一命呜呼。没过多久，他的儿子秦熺也死了。王氏很害怕，就请和尚道士前来念经作法。道士恨透了秦桧，便骗王氏，说他到了地狱里，亲眼看到秦桧戴着大铁枷受尽各种酷刑；从地狱出来时，他问秦桧要带什么话给夫人；秦桧哭丧着脸说“请你带话给我夫人王氏，就说东窗事发了”。

“东窗事发”这一成语就是从这里引出来的。古时候科学不发达，老百姓只能指望用鬼神的力量去奖善罚恶。“东窗事发”这句成语现在用得比较多，比喻一些为非作歹之徒，逃得过初一，逃不了十五，有朝一日，阴谋败露，东窗下的窃窃私语，也将暴露于光天化日之下。

不过，从“事发”到审问定罪，也还需要逻辑推理、归纳演绎。所以有人说：数学与逻辑本是一家，实在难分难解也。

在S市的一个新开发区里发生了一桩凶杀案。一个有钱的老头被人杀害，凶手在逃。经过艰苦的侦查之后，抓到了甲、乙2名疑凶，另有4名证人正在接受讯问。

证人赵先生说：“甲是无罪的。”

第二位证人钱先生说：“乙为人光明磊落，他不可能犯罪。”

另一位证人孙小姐说：“前面两位证人的证词中，至少有一个是真的。”

最后一位证人李太太开腔了：“我可以肯定孙小姐的证词是假的。至于她是否存心包庇，或者另有企图，那我就不知道了。”

专案组通过调查研究，最后证实李太太说了实话。现在问你：凶手究竟是谁？

解决问题的关键是要寻找突破口，由此入手顺藤摸瓜，最终找到问题的答案。培养逻辑思维，提高分析能力，往往可以使我们变得更加聪明；这不仅有助于数学学习，而且对学习其他学科、开发智力也有很大好处。

本题的关键是：第四位证人李太太说了真话。由此可知，孙小姐做了伪证。于是可以肯定，她所说的那句话是假的；因此就能断定，赵先生和钱先生说的都是假话，从而判断出甲和乙都是凶手。

事后，凶手交代，他们确实是同谋作案，用大枕头紧紧压住老头的面孔，使他窒息而死。S 市的晚报，也在最近披露了这一社会新闻。

信口雌黄

王衍长得一表人才，学问很好，举止文雅，谈吐得体，年轻时就在京城洛阳出了大名。晋朝的开国皇帝司马炎（曹操手下大臣司马懿的孙子）的老丈人杨骏想把小女儿嫁给王衍，而王衍说不愿攀附权贵，婉言推辞了。王衍自命清高，口中从来不提“钱”字。起床下地时踩到铜钱，马上叫婢女把“阿堵物”（王衍自己发明的代名词，指钱）快快拿开。通过这种手法，他骗取了皇帝的信任，结果当上了一品高官“尚书令”。晚年时，他的女儿也被选为皇太子的正妻。

这时，当朝皇帝晋惠帝是一个弱智低能的白痴，大小事情全由皇后贾南风说了算。因为皇太子不是她的亲生儿子，于是贾皇后就设下圈套，诬陷太子造反。王衍竟然马上转变“风向”，投靠到贾皇后的阵营里来，并且向她上

表，请求皇后让他女儿同太子离婚，以划清界限。晋朝后来发生了“八王之乱”，连贾皇后都被杀掉了，唯有王衍见风使舵，高官位置岿然不动。

欺世盗名，是王衍的拿手本领。他有时讲真话，有时说假话。即使在讲解儒家经典时，凡是不对他胃口的地方，他也随意篡改。人们背地里叫他“信口雌黄”，说他口中好像有雌黄一样——所谓雌黄，就是鸡冠石，当时人们写错了字，可以用它来涂抹更改，好比现在小学生使用的橡皮那样。

公元311年4月，羯族领袖石勒在宁平（相当于现在的河南省鹿邑县西南部）大破晋兵，王衍被俘。被俘后他居然说他从来不喜欢当官，还劝石勒称帝。不料石勒不吃他这一套。王衍被石勒关在一间民房里，半夜里被兵士推倒屋墙压死了。

“信口雌黄”这个成语就是由此转化而来的。同它类似的，还有“包藏祸心”“嫁祸于人”“尔虞我诈”等，全是贬义词。

从王衍的故事里，我们不禁想起西方一则非常有名的逻辑趣题：

神秘岛上的居民，不论男女，可以分为3类人：永远讲真话的君子；永远撒谎的小人；有时讲真话，有时撒谎的凡夫。

有位外国王爷不远千里而来，他想从3位美女A、B、C当中选一个做妻子。这3个女子中，一个是君子，一个是小人，一个是凡夫。令人不寒而栗的是，那个凡夫竟然是由黄鼠狼变成的美女。

王爷能同君子结婚，当然好极了；不得已而求其次，就算娶了一个小人为妻，他倒也认命了；可是总不能要一个黄鼠狼吧！岛上的长老准许王爷从3位美女中任选一个，并向她提一个问题，而此问题只能用“是”或“不是”来回答。

请问：王爷应该怎样发问呢？

王爷得知，神秘岛上居民的等级是：君子第一等，凡夫第二等，小人第三等。于是他从 3 位美女中挑出一个（例如 A），然后问她："B 比 C 等级低吗？"

如果 A 回答"是"，那么王爷该挑 B 做妻子。理由如下：若 A 是君子，则 B 比 C 低，因此 B 是小人，C 是凡夫，所以 B 保证不是黄鼠狼；如果 A 是小人，则 B 的等级比 C 高，这意味着 B 是君子，C 是凡夫，所以 B 一定不是黄鼠狼；如果 A 是凡夫，则它本身就是黄鼠狼，所以 B 肯定就不是黄鼠狼了。不管发生什么情况，王爷挑 B 都没有错，不至于选中黄鼠狼精。

如果 A 的回答是"不"，则王爷可以挑 C 做妻子。推理方法基本相似。

依样画葫芦

“五代”是中国历史上极其黑暗、极其混乱的时期，不到60年更换了3个朝代，13个皇帝。老百姓苦得要命，但朝廷上有的大臣却大捞钱财，认贼作父，当他的三朝甚至五朝元老。陶谷就是这类恬不知耻之徒。

陈桥兵变以后，宋太祖赵匡胤做了皇帝，五代宣告结束。他对陶谷的为人有所了解，只是由于他的文笔很好，仍旧让他在翰林院里任职。

由于权势不及以前了，陶谷整天牢骚满腹。于是，他托几位大臣在皇帝面前推销自己。大臣们便对太祖说，陶谷在翰林院里出过大力气，资格很老，希望陛下能够重用他，派他做更大的官。

赵匡胤听了却付之一笑：“我听说翰林院起草诏令，都是参考前人的脚本来写的，好像俗话所说的，照着葫芦的样子画葫芦罢了，哪里谈得上出大力气!”

此话传到陶谷的耳朵里，他很不服气，为此写了一首发牢骚的诗，最后两句是“堪笑翰林陶学士，年年依样画葫芦”。

“依样画葫芦”从此变成一个成语，意思是刻意模仿，只知照搬，缺少新意。

但是，你可不能认为“依样画葫芦”完全是个贬义词，有时它的作用是很大的，尤其是在学英语、法语等语言的时候。有名的《英语九百句》和《跟我学》（Follow Me），实际就是依样画葫芦；你跟它学，久而久之，就自然而然地掌握了句型，一通百通了。

数学里头的实际例子也不少。比如，6 位数 142857 是有名的“走马灯数”。它分别与 2、3、4、5、6 相乘，得到的乘积还是由这几个数字组成，其内部的相对顺序原封不动，只不过像走马灯似的转圈子而已（见图 4－7 和算式）：

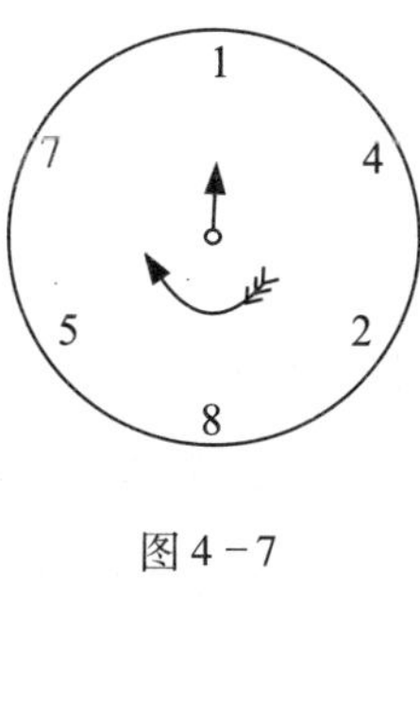

图 4－7

$$142857\times\begin{cases}2=285714\\3=428571\\4=571428\\5=714285\\6=857142\end{cases}$$

另外，如果把 142857 分成前后两段，那么，其对应数字相加之后就变成 999：

$$\begin{array}{r}142\\+857\\\hline 999\end{array}$$

有人指出，142857 实际上是$\frac{1}{7}$化成小数时得出来的。

也就是说，它们实质上是$\frac{1}{7}$的循环节。

于是便有人依样画葫芦，把$\frac{1}{17}$化成小数，这样便可以得到 16 位循环节，即$\frac{1}{17}=0.\dot{0}58823529411764\dot{7}$。

它也可以分成前后两段，你会惊喜地发现：

$$\begin{array}{r} 05882352 \\ +94117647 \\ \hline 99999999 \end{array}$$

果然不出所料，出现了 8 个 9 连成一串。

“走马灯”性质自然也有，不妨让我们举上一例：

$0588235294117647 \times 11 = 6470588235294117$

↑
└─为了观察数字的转圈特性，这里把首位的 0 予以保留。

比 7 大一些的素数先是 11、13，然后才是 17。但是，以上所说的性质，对$\frac{1}{11}$、$\frac{1}{13}$是不灵的！究竟什么时候灵，什么时候不灵，那就值得思考了。

所以，这不能算是单纯的“依样画葫芦”，还是有它的积极意义的。

俗语中的数学

快　和　慢

快和慢是一对矛盾。不过，它们经常相辅相成，既是死对头，又像亲兄弟。

快节奏的人责怪慢吞吞的人，“急惊风碰到慢郎中”，“正月十六贴门神，迟了半个月”。后者也不甘示弱，反唇相讥道：“一口吃不成个胖子，你‘坐上津浦车，前往奉天跑’。”奉天，就是现在的沈阳市，这句俗语比喻南辕北辙，虽快无用。

常言道：“只有不快的斧，没有劈不开的柴”，“铁杵也能磨成针”。只要认真去做，没有克服不了的困难。为什么“三个臭皮匠，能胜过一个诸葛亮”呢？因为，臭皮匠自有笨办法，将就总可以对付得过去，未必会束手无策，一筹莫展。

在数学上，这类例子有的是。下面就让我们来讲一个

浅显易懂的，其目的无非是想说明上面已经论证过的道理：蟹有蟹路，虾有虾路；你走你的阳关道，我走我的独木桥。

有一个5位数，在它的后面写上一个7，得出6位数；在它的前面写上一个7，也得到一个6位数。第二个6位数正好是第一个6位数的5倍。问：这个5位数究竟是多少？

不妨设这个5位数为 $xyzut$，在它的后面写上7，得到的6位数为 $xyzut7$；在它的前面写上7，得出的6位数是 $7xyzut$。根据题意，可列出等式：

$$xyzut7 \times 5 = 7xyzut。$$

现在把它改写成竖式，以便步步为营，顺藤摸瓜：

$$\begin{array}{r} x\ y\ z\ u\ t\ 7 \\ \times \qquad\qquad 5 \\ \hline 7\ x\ y\ z\ u\ t \end{array}$$

从个位数开始，从右至左逆流而上。由于7乘5得到的积是35，所以t是非等于5不可的，并且要把3进到上一位去。这样一来，竖式就变成下面的形状：

$$\begin{array}{r} xyzu57 \\ \times \quad\quad 5 \\ \hline 7xyzu5 \end{array}$$

由于被乘数的十位数是5，乘以5之后得到的积是25，再加上右面进上来的3，便是28，所以判定$u=8$，并把2再进到百位数上去。此时，算式再度摇身一变，成为下面的形状：

$$\begin{array}{r} xyz857 \\ \times \quad\quad 5 \\ \hline 7xyz85 \end{array}$$

于是又可判定$z=2$。就这样一步步顺水推舟，最后终于求出这个5位数是14285。

上面的算法是慢节奏的，步步为营。其优点是顺理成章，十分自然，会做乘法的人都能想得出。

下面再讲一个“一步到位”的快办法。设这个5位数为x，则在它后面写上一个7，实际上就相当于把这个5位数乘以10后再加7，所得到的6位数便是$10x+7$；在5位数的前面添上一个7，等于是在5位数上加上700000，所得

到的6位数便是 $x+700000$。

于是由题意列出下面的一元一次方程：

$$5(10x+7)=x+700000$$

$$50x+35=x+700000$$

$$49x=699965$$

$$\therefore \quad x=14285。$$

结果马上就算出来了。

打　得　好

唐诗“潮落夜江斜月里，两三星火是瓜州”历来非常有名。说的地方瓜州，位于扬州城西南17千米，与镇江金山隔江相望。清朝康熙、乾隆皇帝6次下江南都取道于此。

这一带地处长江两岸，土地肥沃，物产丰富，商品经济素称发达；尤其是各种手工业产品（包括农具），制作精良，行销全国，经久不衰。

瓜州人民历来有“疾恶如仇”的传统。民间传说，有位县令路过村头，看见两女追打一男。原来是这小子不干好事，调戏少女。少女反抗；另一位女子路见不平，仗义相助。这男子挨了打，见到县令反而恶人先告状。县令问明情由，见他不肯低头认错，反来纠缠，便高声念道：“瓜州剪子镇江刀，如皋钉耙海安锹——”那个男子一听，满面羞惭，落荒而逃。

路边的许多外地人听不懂县令的歇后语。正好有位工匠路过这里，连忙向大家解释。他说，这4样铁器都是江苏有名的产品，歇后语的后半句便是“打得好”！

歇后语是人民群众千百年来广泛流传的口头语言，说起来顺口，听起来顺耳，写起来顺手，是一种十分巧妙而有力的修辞方式。上至官老爷，下到平头百姓，都在自觉或不自觉地运用它。

歇后语通常都比较短，只用一两句是很难编故事的。在咱们的这个故事里，还应加上两句：小胡同里扛木头——直来直去；何仙姑走娘家——云里来，雾里去。

下面讲的故事名叫“一张假钞票”，在初等数学里

颇为有名。有位顾客到皮鞋店里去买鞋，买了一双300元的中档皮鞋，付给店主一张500元的钞票（人民币根本没有500元面额的，故事的背景自然不是中国了）。店主因没零钱，就到隔壁游戏机房处，把这张500元的钞票换成零钱，然后给了顾客200元。后者拿了找头和皮鞋扬长而去。

顾客刚走，隔壁老板就跑来说，这张钞票是假的。皮鞋店老板只好给他换了一张500元的真钞票，然后拿着假钞票拼命追出去。总算抓住了骗子，二话没说就饱以老拳："好个骗子！你给我的钞票是假的，害我赔了隔壁老板500元，又给了你200元找头及一双价值300元的皮鞋，你得赔我1000元钱！"这顾客被打晕了，但他一想不对，便说："这双鞋子的钱就是你从隔壁游戏机房换钱后留下的300元钱，我不能赔你1000元，只能赔700元。"

也有人认为，这顾客应赔给皮鞋店老板800元，以补偿他500元假钞票的损失以及300元的皮鞋钱。

真是"何仙姑走娘家"了，又像是上海人的口头语"淘糨糊"——越淘越糊涂。为了节省篇幅，下面只好"小胡同里扛木头"了。这顾客只要再拿出一张500元的真钞票就行了；因为游戏机房老板已拿到过皮鞋店老板的一张500元真钞票，他已经了结；皮鞋店老板呢，前面已拿过

300 元，这就是鞋钱，顾客再赔他 500 元，一进一出也抵消了他的损失。顾客呢，他拿进了找头 200 元，又买了一双价值 300 元的鞋子，自然应该支付 500 元。

轮 流 做 心

在一些人的心目中，本来是客观、中立、不偏不倚的数居然也有了“个性”，存在着吉凶、善恶、良莠、幸运与倒霉的重大差别。13 之为大凶，几乎尽人皆知；现在 4 又步其后尘，被打入了另册。君不见，有 4 的汽车牌照与电话号码没人要；尽管是福利分房，4 楼的房屋也不受欢迎。凡此种种，事例多得不胜枚举。其原因很简单，说到底，是因为 4 与“死”发音很近，听起来差不多。

其实 4 在过去倒是大走鸿运的。一年有四季——春、夏、秋、冬；4 个大方向——东、西、南、北；寺院里的四大金刚，手中拿着雨伞、宝剑、琵琶等法器，号称“风调雨顺”。中国的 4 字成语，占了成语总数的 90% 以上。在俗语和歇后语中，这一比例大体上也差不多，不妨随便举几个例子：

高俅当太尉——一步登天；

白衣秀士王伦当了梁山泊寨主——容不得人。

绕口令在中国民间文学中是一朵奇葩。好的绕口令听过以后，往往令人印象深刻，甚至终生难忘。有趣的是，4种事物的绕口令为数也不少，如：

出门遇着4秀才，一个姓刁，一个姓萧，一个姓郭，一个姓霍。刁萧郭霍相邀直上凌云阁。凌云阁上剥菱角，呼童扫去菱角壳，莫要戳了刁萧郭霍4位老爷的脚。

肩背一匹布，手提一瓶醋，走了一里路，看见一只兔。放下布，搁了醋，去追兔；跑了兔，丢了布，洒了醋。

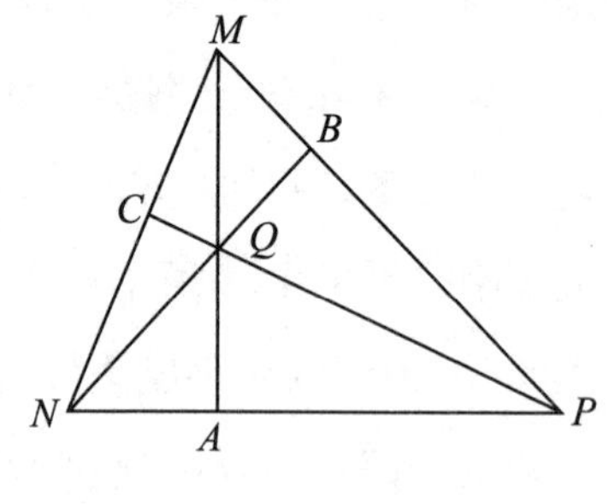

图5-1

也许你们想不到吧，几何学里头也会有类似的情况。大家都知道，三角形的垂心是3条高的交点。今有M、N、P3点画出的$\triangle MNP$，从图5-1

中可见 3 条高线 MA、NB、PC 相交于 Q 点，所以 Q 是 $\triangle MNP$ 的垂心。

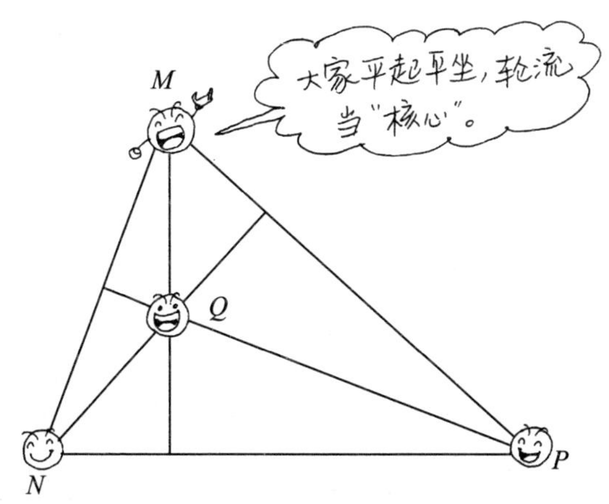

奇妙的是，如果另取 M、N、Q 3 点来作三角形的话，则因 PC（QC 的延长线）垂直于 MN，PN 垂直于 MQ 的延长线 MA，MP 垂直于 NQ 的延长线 NB，所以 P 点就是 $\triangle MNQ$ 的垂心了。

类似地可以证明 N 是 $\triangle MPQ$ 的垂心，而 M 是 $\triangle NPQ$ 的垂心。也就是说，在上述4 个点中，随便取3 个点构成三角形，则余下的一个点必为垂心。

这种奇妙的现象，称为“轮流做心（垂心）”。想一想：内心、外心、重心行不行呢？

角色互换

清朝慈禧太后垂帘听政时期，特别喜欢溜须拍马的人。于是朝廷里出现了一种怪现象：无论亲王、贝勒、军机大臣、一品大员，都以自称“奴才”为荣。

“摇车里的爷爷，拄拐杖的孙孙”，这句俗语的意思是：主子再小也是老爷，奴才再老也是下人。贾府里的焦大，曾经在刀山火海、死尸堆里，舍生忘死地把老爷背了回来；但因为在酒后乱骂“宁国府里，除了门前的一对石狮子以外，没有一个干净的”，结果被恼羞成怒的主子严严实实地捆绑起来，还用马粪塞满了他的嘴巴，叫他有口难言。

不过，天下事多如牛毛，孔夫子也只识得一腿。有时候，“运去奴欺主，时乖鬼弄人”的情况也是有的。第一年日子过不下去，只好求爷爷告奶奶，卖身为奴，做了财主家的长工；然而时来运转，三十年河东，三十年河西，摇身一变，成了老板。再加上天有不测风云，人有旦夕祸福……

据说，《三国演义》里有名的曹操做过一件有趣的事。他有一次接见外国使臣，为了不让人探得虚实，就自己假扮为捉刀人，侍立床前，而让手下人扮作自己。事后，使者对别人说："曹公是很不错的，但他床前的捉刀人却英气外露，不可一世。"这真是"人中吕布，马中赤兔"，真相毕竟难以掩盖啊。曹操露了馅，但西洋镜并未完全拆穿。

掉换角色，在数学里是司空见惯的事。"自变量"可以变成"因变量"，例如下面的摄氏温度与华氏温度的相互换算公式：

$$F=\frac{9}{5}C+32,\quad C=\frac{5}{9}(F-32)。$$

两者实际上是完全等价的，你随便用哪一式都行。

有趣的是：-40℉ 与 -40℃ 竟是完全一样的，你信不信?

“去年的老皇历，翻不得”，也许，一年的时间间隔是太长了一点儿。然而，历史上确曾有过“钟针对调”问题，连大名鼎鼎的爱因斯坦在生病时也放不下它。现在，让我们改编一下。

小张在家刚吃过中饭，突然电话铃声响了。有人通知他舅舅从海外归来探亲，要他到浦东国际机场去迎接。小张抬头一看，时针指在 12 点多，分针在 5 与 6 之间。下午 5 点多钟他把舅舅接回来。真是无巧不成书，他竟看到时针与分针正好是“角色互换”，对调了位置。试问，这一进一出的准确时间是什么?

假设小张听完电话后看钟的时间是 12 点 x 分，x 应满足不等式 $25<x<30$。

由题意可知，在 12 点以后，分针走 x 格，而时针走了 $\frac{x}{12}$格（钟面上两个连续数之间共有 5 格）。

回家时是 5 点$\frac{x}{12}$分，即在 5 点钟以后，分针走$\frac{x}{12}$格，而

时针走（$x-25$）格。

因为分针速度是时针速度的 12 倍，于是可以列出方程：

$$12(x-25)=\frac{x}{12},$$

$$12x-300=\frac{x}{12},$$

$$\left(12-\frac{1}{12}\right)x=300,$$

$$\therefore \quad x=300\div\frac{143}{12}=300\times\frac{12}{143}$$

$$=25\frac{25}{143}\text{（分）。}$$

所以小张接电话时是 12 点 25 $\frac{25}{143}$分，而回家时是 5 点 2 $\frac{14}{143}$分。经过 4 个多小时后，钟面上的长针与短针交换了位置。

爱因斯坦已证明，钟面上只有 143 个点才有此种可能性。问题虽小，却有特殊的魅力，体现了时空的某种对称性。

白 蛇 进 洞

蛇同人们生活的关系实在非同小可。先讲吃的：广东人最讲究吃，凡是天上飞的，地上爬的，水里游的，通通都可以吃。粤菜中有一道名菜，叫做“龙虎斗”。但是，龙本是传说中的动物，实在子虚乌有；至于虎呢，不论是东北虎还是华南虎，都是国家重点保护动物，严禁捕杀。于是广东人动上了脑筋，用蛇与猫作为它们的替身。倘若你是个有心人，不妨去作个统计，一年下来，食用蛇的消耗量恐怕要以“吨”来计算。

此外，同蛇相关的俗语也是多得不计其数，任何一位语文老师都不可能将它们一一列举。仅最常见的便有“龙蛇飞舞”，“虚与委蛇”，“佛口蛇心”，“蛇无头不行”，“打蛇打在七寸上”，“打草惊蛇”，“蛇有蛇路，鼠有鼠路”，等等。

有趣的是：古书上根本没有“蛇”字，古书上把“蛇”写作“它”。《说文解字》这本很有权威的工具书对它作了详细解释。

原来，蛇是一种爬行动物，身体又圆又长，大多分布在热带和亚热带。上古洪荒时代，我国黄河流域气候温暖湿润，草深林密，蛇类大量繁殖，活动频繁。先民们结草而居，不可避免要同蛇打交道，少不了受其侵害，甚至中毒丧生，因而对蛇产生了一种敬畏心理。相传先民们见面时，最常用的一句话便是“无它乎！”翻译成白话文，意思就是“没有碰到蛇吧！”这种问候话，简直同英语里的口头禅“How are you?”有异曲同工之妙。

到过镇江金山寺的人十之八九都要去游览一下法海洞。据说，多事的法海和尚硬要拆散白娘子和许仙，他把雷峰塔变成了一个山洞，罩住了白蛇。后来，人们根据“白蛇进洞”编了一道有趣的算术名题。

白蛇身长 80 尺，它被法海和尚用妖法驱赶，以$\frac{5}{14}$天爬$7\frac{1}{2}$尺的速度进入山洞。然而，白蛇很不甘心，它的尾巴以$\frac{1}{4}$天长出$\frac{11}{4}$尺的速度生长着。现在问你：法海和尚能否达到他的目的？究竟要经过多少天，白蛇才能全部进洞？

开始时，蛇尾的末端距洞口 80 尺。过了一天，蛇头爬进$7\frac{1}{2}\div\frac{5}{14}=\frac{15}{2}\times\frac{14}{5}=21$（尺）。可是，在这一天中，蛇尾又长出了$\frac{11}{4}\div\frac{1}{4}=11$（尺）。所以，蛇尾的末端一天内实际向前移动了$21-11=10$（尺）。

以后当然天天都是如此。法海和尚毕竟棋高一着，白蛇虽然拼死挣扎，终究无济于事。因此，蛇尾的末端进洞的时间是：

$$80\div10=8\text{（天）。}$$

但是，后来雷峰塔倒了，白蛇一定得到了解放。

克隆孙悟空

现代科学技术的发展，使中国古典小说里一些荒诞不经的东西如千里眼、顺风耳、神行法等等都基本得到实现。下一步该轮到什么呢？有人猜想是“分身术”。21 世纪是生物科学飞速发展的时代，“克隆”也已成了最时髦、出现频率最高的名词。奇怪的是，西方人在这个问题上的想法同中国古人如出一辙——不是已经出现了一本很畅销的科幻作品《一千个小希特勒》吗？

有句俗语叫“小鬼跌金刚”，小鬼能把金刚摔倒，这是怎么回事？不是金刚的本事不大，而是小鬼实在太多。以数量压倒质量，恐怕这是千古不易之理。现在全世界无论哪一国政府，都坚决反对克隆人；一个重要原因，恐怕就在于此。由同一个模子铸造出来的克隆人大军，在其主子的号令下铺天盖地而来，连用机关枪扫都来不及。

《西游记》里说："这猴王真厉害，一窍通时万窍通。他当时习了口诀，自修自炼，将七十二般变化，都学成了。"72，只是一个大概数字。孙悟空最厉害的招数，便是他能拔下一撮汗毛，喝声"变"，一下子就变出 72 个手持金箍棒、个个都能冲锋陷阵的孙悟空。

克隆技术在不断发展，数学家们在旁边看热闹，看得牙痒痒的，也想动手试一试了。俗话说："内行看门道，外行看热闹。"数学家对生物技术，自然是一窍不通的；但他们不妨拿图形来试一试，或可从中打开缺口，探索出一些自然规律来。

我们的中小学教材里在讲几何图形的分割时，主要着眼点还停留在要求分割出来的子图形面积相等。其实，这有点跟不上“形势”了。国外的教材，已经进展到“克隆”这一步：要求分割出来的图形，和原来的图形一模一样，是它的“翻版”。

怎样将一个正方形分割成9个同样大小的正方形呢？这样的问题自然是太平凡、太容易了。我们简直无需解释，大家看一看图形就一目了然。但是它的意义却不小，将每一个小正方形再如法炮制一下，就得到了81个更小一些的正方形。看，总数竟比72个还多！

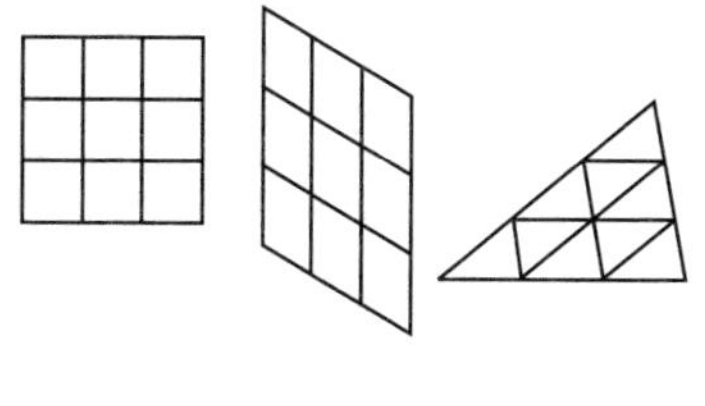

图5－2

除了正方形之外，矩形、菱形、平行四边形、三角形也都可以十分轻易地“一分为九”。为了节省篇幅，我们在图5－2中只画了正方形、平行四边形与普通三角形的分割法。其他几种图形，读者可以“无师自通”。

初步尝试就取得了良好成绩，大家信心倍增。但不要自满，下面让我们再用两个复杂得多的图形来试一试。如图5－3，前者叫做L字形，后者便是埃及狮身人面像的简化图形。分割的难度高多了，大家只有通过自己动

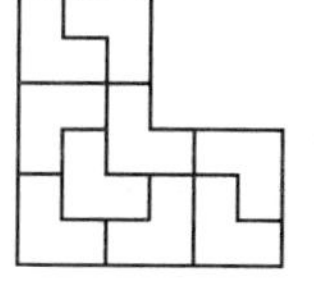

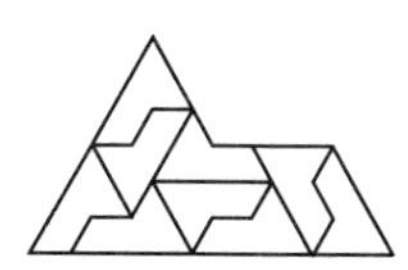

图5－3

手，才能真正领悟。几何不像算术和代数，好多窍门极难用语言、文字来表达。

猪八戒、沙和尚的本领自然不能同他们的大师兄相比，但是他们看着也眼热；虽然变不出 72 个，多少变出一些来也是好的。让我们退一步，来看“一分为三”的例子。

如图 5－4，有一个直角三角形，其 3 边之长分别为 1、2、$\sqrt{3}$。取斜边之中点，由此点出发，作斜边之垂线，同底边相交于 E；再连 A、E，由此而得出 3 个小直角三角形。不难证明，3 个小直角三角形 3 边之比均为$\frac{\sqrt{3}}{3}$∶1∶$\frac{2\sqrt{3}}{3}$。它同原来大直角三角形的 3 边之比 1∶$\sqrt{3}$∶2是完全相同的，所以它们都是原来图形的“克隆产品”。

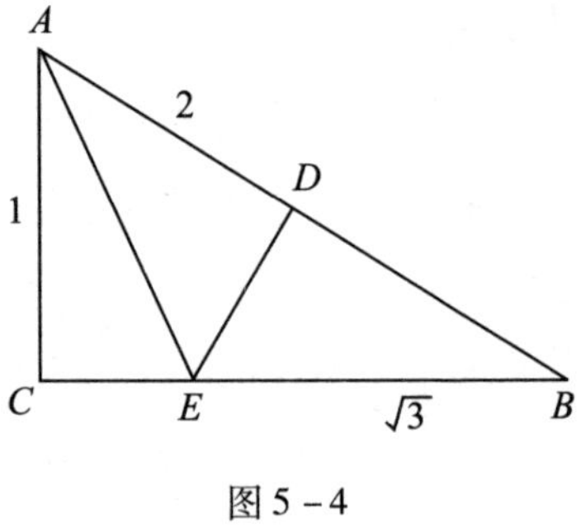

图 5－4

数学破迷信

从前，林语堂、徐志摩以及一些“新月派”诗人认为，在中国，真正相信宗教的人为数不多，虔诚的简直没有。《论语》月刊上曾经登载过一则幽默得令人喷饭的俗语：“酒肉穿肠过，佛在心头坐。”于是，他们得出结论，在中国，反迷信的任务不重。

但实际上，中国封建统治长达数千年之久，与之相伴相随的封建迷信也同样植根深厚、历史悠久。俗话说得好，“做了皇帝想登仙”，皇帝老子连做梦也想上“天堂”。当时秦皇、汉武、唐宗、宋祖，都想活过千年，做个彭祖第二，所以朝进方士，暮采仙药，结果是适得其反。

“定数难逃”的宿命论思想在我国民间流传甚广。“有个唐僧取经，就有个白马来驮他”，似乎世上一切事情，都由冥冥上苍预先安排好了。“穷算命，富烧香”，连周而复

《上海的早晨》也时时提到。穷人要算命，目的是想预测一下，命运有没有转机；富人要烧香，求神佛保佑他一家永远富贵下去。

即使在发达国家，反迷信也是一桩长期的艰巨任务。世界著名数学科普大师马丁·加德纳是一位反对伪科学的斗士。他非常风趣，又善于讲故事，深受各阶层人士的欢迎。下面讲两个例子，让我们来看一看，他是怎样通过数学来宣传无神论的。

666 是《圣经》上的野兽数，在欧美等西方人看来，它简直像洪水猛兽，比不吉利的 13 还要凶险。再加上杀人魔王、纳粹头子希特勒的姓名也同它有关，一般群众更觉得 666 是个不吉利的数了。

加德纳先生一针见血地指出：其实对任何姓名，他都有

办法使之与“野兽数”挂钩。众所周知，亨利·基辛格（Henly Kissinger）先生是美国前总统尼克松的国务卿，曾随总统访华，是一位大名鼎鼎的人物。如果我们用数字代替字母的方法，令 $a=6$，$b=12$，$c=18$，…这样依次类推，也可得出基辛格先生的名字是一个“野兽数”（图5－5）！

K	66
I	54
S	114
S	114
I	54
N	84
G	42
E	30
R	108 （+
	666

图5－5

马太、马可、路加、约翰四大福音是《圣经》“新约全书”里的前4篇，分别有28、16、24、21章。加德纳先生教人们用这些神圣的数去制造一个繁分数：按照美国人的标准写法，记为 $\left(\frac{28}{16}\right)\div\left(\frac{24}{21}\right)$，然后把所有的数来一个大颠倒，大翻身，变为 $\left(\frac{21}{24}\right)\div\left(\frac{16}{28}\right)$；最后把它们做除法，化成小数。令人惊奇的是，居然可以除得尽，结果都等于1.53125；而最后的答数，在《圣经》里也是大有来头的！

正在大家一片欢呼、拍手叫好之际，马丁·加德纳对啧啧称奇的群众大泼冷水：“女士们，先生们！你们感到奇怪吗？其实，对任何4个非零正整数构成的繁分数，颠倒前后所得的值，都是相等的。各位对繁分数不大熟悉，是吗？”

三句不离本行

近代大画家齐白石，住在北京的胡同里，到了八九十岁高龄，作品还是不少，令人叹服。可是齐白石自己最佩服明朝的大画家徐文长，自称“青藤门下走狗”（徐渭字文长，别号青藤）。

徐文长号称天下才子，却被绍兴知府关进监牢，放出来之后，生活十分潦倒，经常是吃了上顿没有下顿，全靠朋友接济。徐文长原本就没有什么读书人的架子，只要合得来，贩夫走卒、江湖市井之徒都可以成为他的朋友。他后来之所以还能活在世上，留下许多不朽作品（书画与文章），也全亏这些朋友的接济。

有一天，徐文长同几位朋友在酒楼大吃大喝。朋友们明知他身无分文，专门吃白食，倒也不嫌弃。不过，喝闷酒没劲，大家商定行个酒令，用俗语来作一首打油诗：第一句要有个“天”字，第二句有个“地”字，然后“左”“右”“前”“后”，再下去是数目字“三”“五”，最后用“一”来收尾。作不出的人，就让他来结账。

有位秀才抢着作了第一首打油诗：“天子门生，状元及第（第与地同音，也算合格）。左探花，右榜眼，前呼后拥。三篇文章，五湖四海闻名。一步上青云。”

众人拍手叫好，秀才拿起酒杯，一饮而尽。接下来是一位老和尚，他合掌道：“上有三十三重天，下有十八层地狱。左文殊，右普贤，前弥勒，后韦驮。三身（法身、应身、报身）如来，五世罗汉。一声‘阿弥陀佛’。”

大家哄然叫好。

但见郎中先生站起来，不慌不忙地吟起他的打油诗来：“上有天门冬，下有地骨皮。左防风，右荆芥，前有前胡，后有厚朴(“厚”与“后”为同音字)。三片生姜，五颗红枣。一帖药包你病好。”——真是中医本色。

接下来是木匠师傅，他羞答答地说：“咱没有多少文化，说出来的话也许上不了台面，列位不要见笑。

“上有天花板，下有地搁板。前有前门，后有后门，左有厢房，右有厨房。三百根椽子，五千块瓦片。一间房子造好。”——活脱一个木匠的口吻。

剩下徐文长了，但见他搔搔头皮：“天上无片瓦，地下

无寸土。左无门，右无户，前没围墙，后没遮拦。三杯下肚，五更天明。消却一片愁云！”

大家都说：“佩服！佩服！老先生露天席地，困顿到如此地步，还能如此乐天知命，难得，难得！请你尽量放开肚皮，学那水浒英雄，大碗喝酒，大块吃肉！”

说到这里，我忽然发起奇想来，倘若我能像当代物理学家斯蒂芬·霍金的名著《时间简史》中所说，通过时空隧道而回到过去，同他们在席上一起喝酒行令的话，那么，我该怎么办呢？

既要符合要求，又要三句不离本行，体现出自己的职业身份，可是我又不想吟诗作赋，这倒是个难题了。

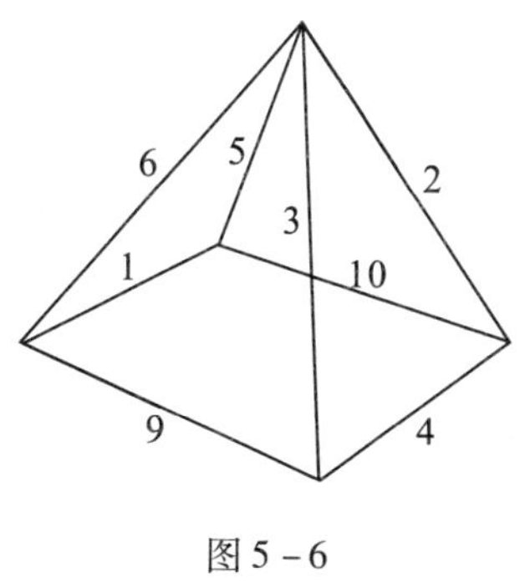

图 5－6

猛然想起了金字塔，现在连孩童都知道金字塔的形状。如图 5－6 所示，它是个四棱锥，底座为一矩形，4 条侧棱会聚于上面的一个顶点。总的看来，金字塔共有 5 个顶点，8 条边，5 个面。底面可以认为是“地”，塔顶不妨看成为“天”（其实建造金字塔的埃及法老就是这样想的）；4 个侧面自然是左、右、前、后，这样就通通都有了。

我砍掉从 1 到 10 的 10 个自然数中的两个（7 和 8），然后把剩下来的 8 个数分配给 8 条边，每边一个数（见图）。

配置的办法自然是经过深入研究的，应该砍掉什么，留下什么，不能胡来。实际上，它就是一道“金字塔趣题”，即使拿来做奥林匹克竞赛题，也够格。

现在好了，你们从图上的任意一个顶点出发，可以看出会聚于该点处的各条边上的数字之和都等于 16（4 的平方），真像是天造地设一般。酒令所要求的 1、3、5 也通通出现了，而且 5 个顶点一律“平等”，不分高下，就像秀才、和尚、郎中、木匠，以及徐文长并无尊卑之分一样。

林肯怒斥伪证

在文章里头适当穿插一些俗语，就好比在羹汤里加调料。比如，形容当官的十分贪婪，如果只是在字面上平铺直叙，别人看了，不会留下什么印象。如果把其人说成“从茅厕上过，也要拾块干屎”，这个人的贪婪就活灵活现地出现在面前了。

“上知天文地理，下知鸡毛蒜皮”，俗语涉及方方面面，简直无所不包。京津地区及河北省许多人嘴边常说“沧州狮子景州塔，真定府里大菩萨”，形容智者无所不知，肚子里有一本细账。原来，沧州城里有铸铁狮子一座，重约40吨，据说是文殊菩萨的坐骑；景州也在河北省，境内有舍利塔，共13层，高度有63米；真定府是辽金时期的古地名，即今河北省正定市，城里有个中外闻名的隆兴寺大悲阁，里面一个铜铸的大菩萨像有42条臂，高20余米，又称千手千眼大慈大悲观世音菩萨。这三样是北方有名的畿南三宝。

常言道，“绳锯木断，水滴石穿”，长年累月、不知不觉之间积累起来的知识，在适当时间，就能形成一种力量；一旦打出铁拳，足以使局面改变，令人大惊失色。

下面来讲一个林肯拆穿伪证的著名故事。亚伯拉罕·林肯那时尚未担任美国总统，解放黑奴、南北战争等一系列历史事件也尚未发生，他还在当他的律师。有一回，他接受了当事人小阿姆斯特朗的委托，为他辩护。后者已被初步认定为“谋财害命”的嫌疑人，一旦罪名成立，他就要上绞刑架！

法庭上进行了唇枪舌剑、激烈的交锋。然而，形势越

来越对小阿姆斯特朗不利了。主要证人福尔逊对上帝、圣母和主耶稣发誓说，他在 10 月 18 日晚上 11 点左右，从二三十米外的地方清楚地看见，小阿姆斯特朗站在西面用猎枪打死了在东面的死者。“我肯定认清了他——作案者的狰狞面目，因为那时月光正照在他的脸上。”证人说完以后，大摇大摆地回到他的座位上。尽管小阿姆斯特朗大喊冤枉，矢口否认，可是在场的人没人相信他的辩解。眼看法官就要拍板，小阿姆斯特朗命在旦夕。

正在千钧一发之际，冷不防半路里杀出了程咬金，林肯站起来拆穿了伪证者的鬼话：“请大家想一想，10 月 18 日那天正好是上弦月，夜晚 11 点时月亮已经下山，哪里还有月光？退一步说，也许他时间记得不十分精确，实际时间有所提前，但那时月光应是从西向东照射，而被告的脸也是朝东的，好像拍照时的背光，脸上怎么可能有月光呢？所谓证人从二三十米外清楚地看到了被告的脸，这是不折不扣的谎话。”

福尔逊听到林肯一针见血的话，目瞪口呆，顿时手忙脚乱，埋怨自己聪明一世、懵懂一时。他本想改口，但为时已晚，船到江心补漏迟，伪证骗局当场被识破。后来查明凶手另有其人，小阿姆斯特朗无罪释放，林肯因此一举成名。

太阳、月亮、地球的相对运动研究起来非常复杂，是数学上有名的“三体问题”，但它目前已基本上得到解决。比如，作者手头就有一本1841年到2060年的《万年历》，2060年距今尚有40多年，但月相变化早已算得一清二楚了。朔、望、上弦、下弦等，一般西方人是不大懂的，可是林肯能了如指掌，运用自如，真是了不起啊！

吴三桂岳庙问卜

有人说“俗语是不识字者的成语”，虽然不大确切，但要想写出生动有趣的好文章，确实是少不了俗语的。俗语是一个很大的范畴，包括谚语、歇后语等，甚至同谜语也有犬牙交错时。民间歇后语有一种很特殊的表现手法，就是故意使用同音字，比如：

四两棉花——不谈了（由“弹”转变为“谈”）；
外甥打灯笼——照旧（从“舅”转变为“旧”）。

歇后语往往有着很强的地域性，比如：

卢沟桥的狮子——数不清（北京、天津、河北省）；
大舞台对过——天晓得（上海、江苏、浙江）。

俗语中的数学

“吴三桂岳庙问卜——尽走老路”这句歇后语，在四川、云南、贵州、湖南一带很有名。吴三桂原是明朝末年镇守山海关的总兵，后来带领清兵入关，镇压了李自成的农民起义军，又缢杀了南明的永历帝，最后又想自己做皇帝。他在康熙十二年起兵叛乱，势力一度很大，打到甘肃、陕西、宁夏、江西。公元 1678 年，他在湖南衡阳称帝，不久病死。其孙子接位，又折腾了好几年，最后才被清朝平定。这就是历史上有名的“三藩之乱”。

吴三桂非常迷信，他在衡阳称帝时，听说南岳大庙（建于唐朝开元十三年，历代都有重修）有只白毛乌龟十分灵验，便前去问卜。当时他兵锋锐利，攻城夺寨好不得意。他将天下疆域图供在神案之前，让这只白毛乌龟在图上爬，一面口中念念有词，希望它向武汉、南京直至北京爬去，以便成就他的“帝业”。奇怪的是，这只白毛乌龟在图上爬来爬去，总是不出湖南、云贵一带，而且圈子越来越小，尽走老路。从此以后，“吴三桂岳庙问卜——尽走老路”就成了一句相当有名的歇后语了。

不过，在数学里有时候“尽走老路”也不失为一种好办法，如数学归纳法。数学归纳是“走老路”的典型例子；但由于其内容较深，我们另举一个浅显易懂的例子，来说

明在数学里有时候“走老路”也不失为一种好办法。

“龟兔赛跑”的故事，几乎在全世界各民族中都有不同的版本。不过，这一次，它们不是比赛跑步，而是要对调阵地。如下图 5－7，为了简便起见，可以用硬币代替，正面（H）代表兔子，反面（T）代表乌龟。共有 3 兔 3 龟，每次可以走 1 步或跳 1 步。请问：至少需要几步，才能使龟兔走到对方的大本营去？

图 5－7

从图上看，空格只有 1 格，以作为调兵遣将之用。至于最优的跳法，倒也不容易。经过高人指点，跳法如下（黑体字表示跳，一般字体表示走）：

H，**T**，T，**H**，**H**，H，**T**，**T**，**T**，H，**H**，**H**，T，**T**，H

共 15 步，其中 T 7 步，H 8 步，并不对称。

人们在解出此题之后，自然会问：如果题目改为 4 兔 4 龟，其他情况不变，则解法又将如何呢？

此题是国外一道很有名的开放性题目。对此，出题人（当代大数学家康威，即“生命游戏”的发明人）的回答是“走老路”，跳法如下：

H，**T**，T，**H**，**H**，H，**T**，**T**，**T**，T，**H**，**H**，

H，**H**，T，**T**，**T**，**T**，H，**H**，**H**，T，**T**，H

共 24 步。请注意：前 9 步的跳法同上面完全一样，后 6 步也是如此，只有中间的 9 步才有所差异。

他风趣地说，此中的自然规律很值得玩味啊！掌握了要领之后，不要说 4 兔 4 龟，就是 100 只兔子与 100 只乌龟，也能用最少步数进行大调防了。

形影相伴，直至无穷

中国俗语里头，讲到“尾巴”的为数不少。许多动物身上都长着尾巴，它的作用可不小。常言道“老虎屁股摸不得”，你若不小心摸了老虎尾巴，它就要发威，张开血盆大口来吃人，好不可怕！

“身上有屎狗跟踪”，狗的尾巴简直是它的“传感器”，灵得很。古代相传，小狗在母狗胎中，要尾巴长大了才会生下来。

在十二生肖中，老鼠稳坐着第一把交椅。据说全世界的“鼠口”要比“人口”还多。有的歇后语，用得惟妙惟肖，令人拍案叫绝。例如讽刺警世小说《儒林外史》第 14 回里，就用了一句尖酸刻薄的歇后语“老鼠尾巴上害疖子——出脓也不多”。

民间传说，得道千年的狐狸精能变人形，山精木魅、妖魔鬼怪全都不在话下，唯独变不掉尾巴，成了它的致命弱点。

说了这么多“尾巴”，也许你会说，这跟数学有什么关系呢！哈，下面我们要谈的，就是数学里的“立方同尾”现象。1993 年 6 月，我国福州的一位汽车司机苏茂挺先生发现了阶数极低的三阶幻方。当时谁也不敢拍板，后来我为他作了鉴定，肯定了它的正确性。

在鉴定过程中，我发现存在着 8 个“立方同尾数”，即 001、501、249、749、251、751、499、999，它们可纳入同一个模式：$k\times250\pm1$。

由于篇幅所限，我们不可能在这里大加讨论，只能从中挑选一个 999 来略加介绍。

众所周知，9 是十进位数里的老大哥，许多奇妙现象都同9 有关。而且，它的“同尾现象”从 1 位数开始就“灵”。

请看：$9^3=729$，最后的1 位数“尾巴”，不正是9 吗？

下一步，$99^3=970299$，从右至左，最后的2 位数尾巴，恰好也是99，同原来的底数一模一样。

再往下走一步，扩展到3 位数，$999^3=997002999$，从右到左，截取3 位数尾巴，依旧还是999。

这使你感到十分惊奇吧，让我们再深入追究下去：

$$9999^3=999700029999。$$

这个数字长达 12 位，但说实话，算起来并不十分吃力，有电脑的人更是轻而易举，不费吹灰之力。没有电脑的人若肯动手动脑，从中发现规律，也许更有意思。

你看，“同尾现象”竟可以一直维持下去，直到无穷！

童话、寓言中的数学

打 官 司

“獾和貂打官司”是出了名的朝鲜寓言。朝鲜的传统寓言为数不多，出名的更少，这一则是其中的“佼佼者”，得到许多人的青睐。

有一天，一只獾和一只貂同时在山间小路上发现了一块肉。

“这是我捡到的!”獾叫喊起来。它的意图十分明显，不容许别人分享。

“不，它是我的!”貂也不甘示弱，叫嚷的声音压倒了獾。

“是我先看见的!”獾发火了。

“不对，是我第一个发现的!”貂也针锋相对，钉头碰铁头。

他们争执不下，难分难解。要不是考虑到双方体格都很魁梧，打斗起来谁也占不到便宜，说不定它们早就打起来了。

獾说话了。

“这样吧，我们去找狐狸，请它当个法官，给咱们评评理。”

貂同意了，于是它们找到了老狐狸，讲述了各自的理由。

老狐狸听完了双方的话以后，马上就表了态。它官腔十足地说：“请我做公证人，你们双方都不会吃亏的。这样吧，我把这块肉分成相等的2份，你们2位1人1块。”说完后，狐狸就把那块肉分成了2块，给貂和獾1人1块。

“貂的那块比我的大！”獾大叫起来。

“那我给你们分得平均一些吧。”狐狸一边说，一边拿着貂的那块，狠狠地吃了一大口。

“现在獾的那块比我的要大了！”貂哭丧着脸说。

“让我再来给你们匀一匀。”

这样一来，貂的这块肉又比獾的那块大些。于是，狐狸又当仁不让地再来啃貂的那块肉。

老狐狸真不愧为一位“不等式大师”，它十分老练地玩弄手法，一会儿$A>B$，一会儿又变成$A<B$。就这样，獾和貂眼睁睁地看着狐狸把2块肉一口一口地吃光。到最后只

剩下骨头，谁也不想要了。

中国古代有位大财主，家财万贯。财主有两个儿子，老头子死了以后，两个儿子为了争夺家产，各不相让，便到一个号称“清官”的李知府那里去打官司。

知府大人问明原因后，才晓得有些古董不好分，比如号称“龙吐水”的中华第一壶，《七侠五义》里锦毛鼠白玉堂从皇宫里偷来的“五凤杯”，等等。这些东西都是独一无二的，给了老大，老二不服，又无法作价；放在家中的库房里上锁保管，又是谁也不放心。于是狡猾的知府大人对他们说：“看来还是让我老爷替你们暂时保管一下吧。以后等有机会，出售给古董商人，狠狠地敲他一大笔银子。”兄弟两人一听此言，十分满意，当下叩头谢恩。

光阴如箭，眼看 3 年过去了，此事还没有下文。知府大人也早已调任外省，路远迢迢，相隔千里。当时又没有立下任何字据，“天高皇帝远”，到哪里去评理，只好眼睁睁地被知府占了便宜去。

看来，分东西要分得绝对公平，实在不是简单的事；弄得不好，是要被别人钻空子的。

数学家果戈尔博士是秘鲁前总统藤森先生的好朋友，一次他应邀去秘鲁旅游。有一天，他做了当地一位百万富翁的座上宾。这位大富翁膝下有一对双胞胎女儿，那天正好是她们的生日。她们的父亲为她们定做了一只圆形大蛋糕。为了增加气氛，百万富翁说："各位朋友，你们谁能把这块蛋糕分得完全一样——不但一样重，形状也要相同，而且分出来的形状必须全部由曲线组成，不准有直线段——那谁就是今天最受欢迎的嘉宾。"面对这个难题，大家都面面相觑，束手无策。

果戈尔博士不愧是位智力出众之人，但见他眉头一皱，计上心来，立即照中国"太极图"的办法（下页图6－1），巧妙地完成了任务。

图 6－1　巧分生日蛋糕

奇妙的是，“太极图”是非常容易画的，一般二三年级的小学生，手持圆规，马上就能画出来。

百 兽 自 夸

有一天，上帝召集世间百兽，要把它们的缺陷清除。他说：“一切众生啊，都来到我的脚下。说说你们的不满，谁也不用害怕。”他要猴子首先发言，便说：“上前吧，调皮的猴儿，你的不满理所当然，只消比比相貌，你怎么能不抱怨？”调皮的猴子回答：“我？为何要抱怨？我不也四肢俱全，仪表堂堂，不曾有人说过难看！倒是我的大熊兄长，的确长得相当粗气！五大三粗，笨头笨脑，谁也不愿同它合影留念。”大熊摇摇摆摆地走了过来，大家以为它很悲哀，可是当它说到自己，简直越说越是可爱！它对大象作了批评，认为大象首尾都有毛病：“耳朵大得有些过分，尾巴小得太不相称！一个长长的鼻子卷起巨木，简直使别人吓出了魂。象兄的身体过分臃肿，没有半点优美腰身。你要别人叫好，就必须把自己来一个彻底改造——既要缩小耳朵面积，又要放大尾巴尺寸。”

大象的发言跟别的动物一样，它先把鲸鱼嘲笑了几句：“如果按照我的口味，这位太太实在太肥。”大象发言完了之后，接着蚂蚁自称巨人，狐狸比作军师，饿狼胜过外婆……

动物们一番自夸以后，上帝把它们一一遣走。看完这则寓言故事，你可能会觉得这些动物十分愚昧，但其实我们人类也不例外。不论过去还是现在，大部分人身上都挂着两只口袋：前袋装着别人缺点，一切看来都很明显；后袋装着自己缺点，挂在背后老看不见！

上面这则寓言名叫“褡裢”，又称“百兽自夸”，是法国著名寓言大师拉·封丹的杰作，原文采用的是诗的形式。

有位数学教师非常欣赏这则寓言，于是他挖空心思，开动脑筋，把它改造成了一个既通俗又有趣的数学游戏。这个游戏是这样的：

先设定“动物学号”。学号先同英文字母对应，就是说，1 相当于 A，2 相当于 B，3 相当于 C，4 相当于 D……下面是一些常见动物和它的“学号”对应表：

1	Ant（蚂蚁）
2	Bear（熊）
3	Cat（猫）
4	Duck（鸭）
5	Elephant（大象）
6	Fox（狐狸）
……	

然后，请你在 1 到 10 中间选定一个数字，但不要告诉我。把此数乘上 9，答数可能是 1 位数或 2 位数。如果是 2 位数的话，那就请你把个位数与十位数相加起来，最后得出一个数，例如 $3\times9=27$，$2+7=9$。把该数再减去 4，所

得到的差数便是“动物学号”了。

现在，我可以肯定，不论你当初选什么数，用此算法最后得到的一定是大象的“动物学号”！你信不信？

如果你想要的是“狐狸”而不是“大象”，那么，应该怎样加以修改？

人鬼斗智

请看下面这个故事：

有一所老屋，虽然已有百年以上的历史，但仍保存得很完好。由于大家都说里面有鬼，人人谈鬼色变，谁也不敢在里面住宿。后来，有一个人声称自己胆大包天，无论什么鬼见了他都会退避三舍。他对屋主人说："我是天不怕地不怕的，让我进去住一夜吧。"屋主人同意了他的要求——当然不收他一文钱的住宿费，不过声明出了事概不负责。双方拍板成交之后，他就进屋住宿了。

不料事有凑巧，不久又有一人前来，也想进去住宿，而且拍胸担保胆子比头一个还要大出 10 倍。屋主也欣然同意了——来住的人越多越好，如果住宿者证明古屋里没有鬼，兴许它就能高价出售。

后来的那个人是个慢性子，他磨磨蹭蹭，到了半夜才去推门。不料先进去的那个人，以为推门的一定是鬼，就拼命堵住房门不让他进去；而推门的人虽然吓得根根毛发都倒竖，以为在里面的必定是鬼，可还是拼命推门，要闯进去同鬼进行搏斗。

后来门被撞破，两人就在里面进行了一场你死我活的恶斗，弄得两败俱伤。两者都以为对方是鬼，使出吃奶的力气，一直打到天亮。

你看，在上面的故事里，鬼是根本不存在的。不过，美国人可不管它存不存在，每年的10月31日美国人都要过“万圣节”。“万圣节”也称“鬼节”，许多人在这天晚上都玩起了“南瓜灯”，在南瓜上刻一些滑稽可笑的“大头鬼”“马屁鬼”“讨债鬼”，以及敢于和上帝叫阵的大魔鬼撒旦。

小学老师们也在为可爱的孩子们讲故事、编故事。有些故事编得很有意思，很有质量，有的甚至得到数学教育界的好评和认同，简直可以称为现代寓言了。下面让我来选录其中之一：

人和鬼斗智，请腰间长着翅膀的天使来做公证人。“你能用一笔画出这个图形（见下页图6－2）吗？当然，笔不能离纸，而且画过的任何线段都不准重复。”人问道。

鬼试了又试，白白浪费了许多纸张，始终达不到目的；只好承认自己没有本事，无法完成任务。

“看我的!”人趾高气扬地说。但见他从图上有“○”的两点之一（任意选择一个）出发，轻而易举地就用一笔描出了图形（见图6－3）。

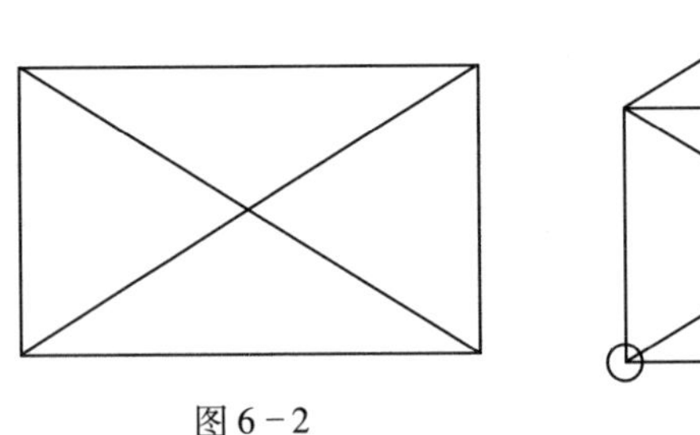

图6－2

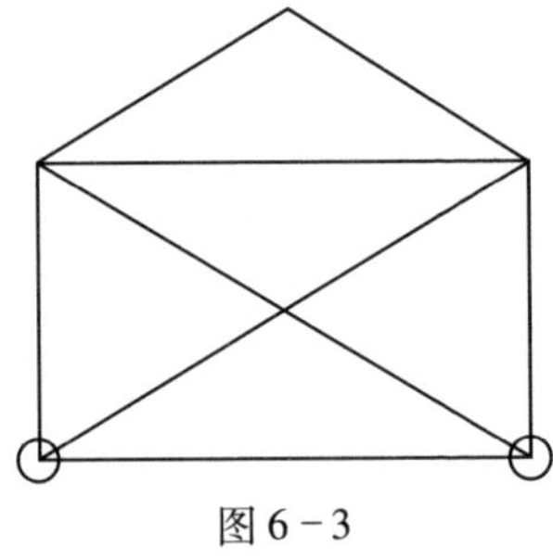

图6－3

“怎么样，我的图形比你的图形要复杂吧?”人得意地说。

“佩服之至！老兄的本事比我高10倍。今后我们井水不犯河水，彼此相安无事，好吗?”鬼诚惶诚恐地说。

钟馗捉鬼

钟馗（kuí）在阴间捉鬼成绩很大。

可阎王还不知足，竟然命令钟馗前往阳世捉鬼。钟馗奉旨，奔腾而上，仗剑捉之。岂知阳世之鬼，远比阴间之鬼多且凶。他们张牙舞爪，十分厉害。

众鬼见钟馗来捉，一点儿也不害怕。只见那冒失鬼一马当先，上前夺剑；伶俐鬼连打冷拳，搬腿抽袖；讨债鬼满口脏话，拉靴摘帽；下作鬼破口大骂，解带脱袍；短命鬼挤眉弄眼，窃剑偷刀；吊死鬼唉声叹气，双脚齐跳；哭丧鬼声泪俱下，号啕大哭；再加上淘气鬼抠鼻挖眼；落水鬼唠唠叨叨……

当下钟馗阵脚大乱，有法等于无法，只好觑个破绽，落荒而逃。

岂知还有一个贪心鬼紧追不舍，不自量力，妄想活捉钟馗。于是钟馗反戈一击，不费吹灰之力，把他擒获在手。

可阎王认为钟馗没有完成任务，命他继续在阳世捉鬼，否则军法论处。

钟馗接到指令，正在为难，忽见一大胖和尚嘻嘻而来。他指点钟馗："这有何难？你岂不闻古人有聚而歼之的说法。阳世众鬼，比不得阴间，若没有钱，他们是寸步难行的。你只要同皇帝合作，发下通告，银两与铜钱不能用了，改用钞票，并限期兑换，务必于某月某日黄昏日落之前兑换完毕，过期作废。规定这些人必须集中兑换不能代办，等到把他们集中起来之后，我就有办法对付了。"

要捉什么鬼，钟馗手里是有一本清单的。白花花的银子谁不爱？众鬼害怕白花花的银子打水漂，都决定亲自出马兑钞票。

到了那一天，不大不小的环形区域（图 6-4）内已经"鬼满为患"。钟馗本想用火攻之计，万炮齐发，把众恶鬼一网打尽。但大胖和尚不赞成，说是上天有好生之德，他们的罪行有轻有重，应该区别对待；另外，阎王也要把他们捉去审问。于是决定采用麻醉办法，准备把他们麻翻在地。

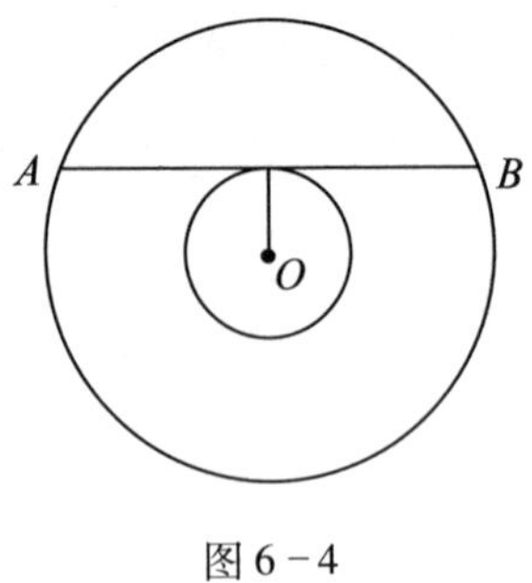

图 6-4

为了正确核算用药的数量，就必须算出环形区域的面积。如图 6－5 所示，AB 是外圆的一条弦，内圆与它相切，AB 之长 500 米。按照通常的想法，欲求圆环面积，必须知道内圆和外圆的半径。但两者都是未知数，胖和尚打算去实地丈量。但是，聪明的钟馗看了图形，心中早已雪亮，连连摇手说不必去实测了。

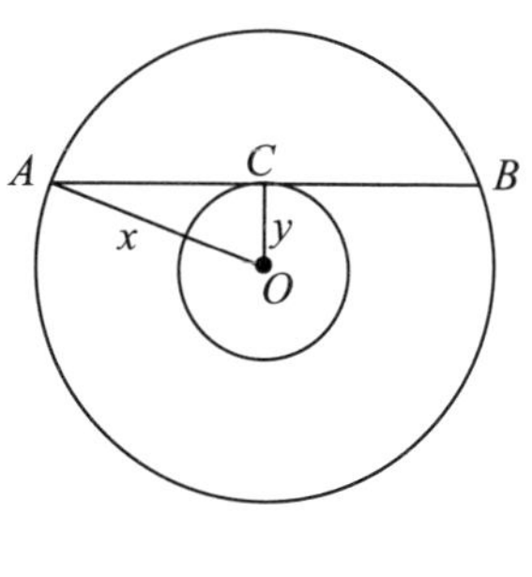

图 6－5

胖和尚将信将疑，猜不透钟馗的想法。于是，这位捉鬼能手当了一次答疑的老师。原来，中国古人早已掌握了勾股定理。设大圆的半径为 x，小圆半径为 y，长度单位为千米，因为$\frac{AB}{2}=250$ 米 $=\frac{1}{4}$千米，则由题意显然有

$$x^2-y^2=\left(\frac{1}{4}\right)^2。$$

在这里，x、y 虽然都是未知数，但平方差 x^2-y^2 可以求出来，于是我们就能轻而易举地求出圆环的面积：

$$\begin{aligned}圆环面积&=外圆面积-内圆面积\\&=\pi x^2-\pi y^2\\&=\pi(x^2-y^2)\end{aligned}$$

$=\frac{\pi}{16}$(平方千米)

$\approx$196250(平方米)。

钟馗取出麻药，将众鬼一一麻翻在地。捉住众恶鬼后，钟馗笑眯眯地对胖和尚说：“当然，这里面也有你的一份功劳。如果不是你告诉我阳世众鬼虽然行踪飘忽难以捕捉，但都贪财趋利，我是很难捉住他们的。”

媒 婆 的 嘴

冷峻、辛辣、锋利是寓言的三大特点。一般说来，幼儿喜欢听童话故事。随着年龄的增大、阅读能力的提高，他们慢慢就会发现，童话的滋味与教育意义远远不如寓言了。

请看下面这则来自伊朗的寓言故事：

有人梦见自己在和真主对话。

“伟大的安拉啊，在你眼里，1000 年意味着什么？”

“不过一分钟罢了。”

“啊，至高无上的真主！请告诉我，10 万金币又意味着什么？”

“一个铜板罢了。”

“大慈大悲的真主啊，那就请你恩赐给我一个铜板吧。”

真主回答说：“也好，请等一分钟。”

按照真主的比例与换算关系，请问这个人能拿到金币吗？

再来看另一则寓言：

利嘴的媒婆夸奖姑娘样样都好，心直口快的小伙子却说：

“这个姑娘我看到过，好像一只眼睛是瞎的。”

“那好哇，别的男人不会同她眉来眼去了。”

“听说她是个哑巴。”

“挺好哩。她不会叽叽嘎嘎，多嘴多舌了。”

“有人说她一只手不大好使。”

“是个很大的优点，她不会偷鸡摸狗了。”

“据说她有只脚不大会走路。”

“这样一来她就更加老实本分，不会去各家串门，可以少惹是非。”

“此人个子很矮吧？”

“个子矮可以省衣料啊！”

以上一问一答，共有 5 个回合；明明是一个丑八怪，媒婆竟把她说得十全十美，似乎比天仙还要好。

看了这则寓言以后，你会生发出什么感想呢？想来总是仁者见仁、智者见智，各有各的看法了。令人不可思议的是，有位数学家兼电脑专家读了这则寓言之后，竟想出了以下一个趣题。

这个数学家住在德黑兰，这是个出数学家的地方。20 世纪 60 年代，创造模糊数学的大师洛德菲·扎德就是德黑兰人。

我们知道，0，1，2，3，4，5，6，7，8，9 是构成数的“基本单位”。这位数学家想，10 位数可以从 5 位数的平方算出来，那我能不能把 0，1，2，…，9 这 10 个数平分成 2 组，构成 2 个 5 位数，使这 2 个 5 位数的平方结果都是由 0，1，2，…，9这 10 个数字构成的、不重不漏的 10 位数？

如果单凭人力，想把这种“十全十美”数搜查出来，那真无异于大海捞针。好在我们有电脑，经过一番努力，有人利用电脑达到了目的。请看下面 2 个数：

$$57321^2 = 3285697041;$$

$$60984^2 = 3719048256。$$

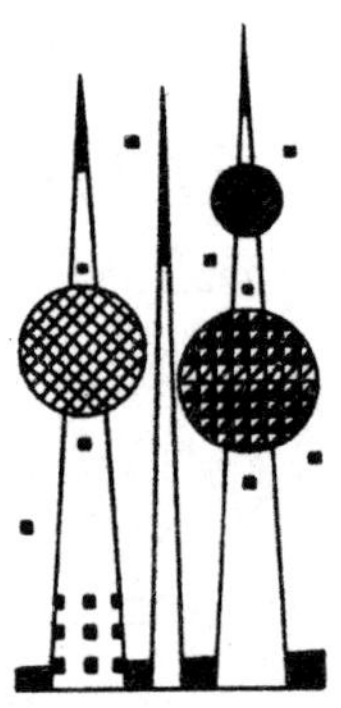

笨驴过河

驴子在牧场上吃草，突然看见一只恶狼向它扑过来。驴子情急生智，假装跛脚的样子，并告诉恶狼，说是走过一个篱笆时踏着了刺；随即又对恶狼说，要先把刺拔掉，然后再让狼来吃它，免得吃的时候扎到喉咙。恶狼相信了，拿起驴子的蹄子，全神贯注地找刺。驴子趁机抬脚猛踢，把恶狼的牙齿都踢光了。恶狼被害得好苦，只好仓皇逃命。

从此之后，驴子便沾沾自喜起来，自认为聪明绝世，智谋过人。有一次，它背了一袋食盐过一条大河，滑了一下，跌倒在水里。盐溶化了，它站起来时顿觉轻了许多。这件事更使它认为自己聪明绝顶，并且总是交好运。后来有一回，它背了一袋海绵走到大河边时，以为再跌倒就能减轻重量，于是故意一滑。然而海绵吸足了水，沉得要命。驴子被吸足了水的海绵压得无法站起身来，活活淹死在

河里。

有人问，数是最公平无私的，难道它也会令人上当，使人判断失误吗？请看下面的例子。

L 形骨牌与常见骨牌不同，它由 3 个单位正方形组成，任意旋转和翻身都可以。

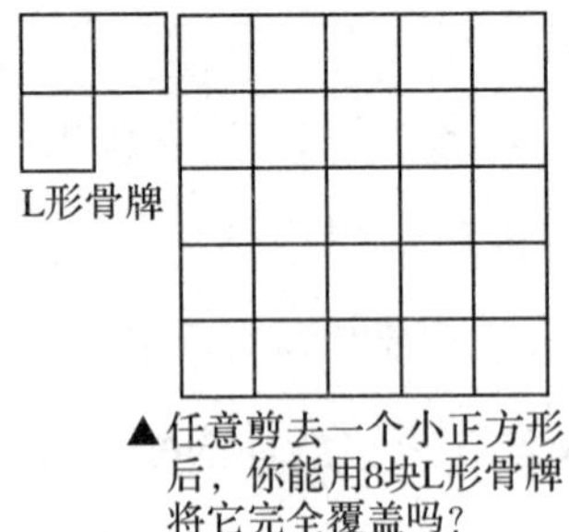

▲任意剪去一个小正方形后，你能用8块L形骨牌将它完全覆盖吗？

现在有一个边长为5个单位，面积为5×5=25个单位的正方形。任意挖掉1个单位之后，剩下的面积当然是24个单位了。由于24是3的倍数，于是，人们自然而然地认为：一定可以用8块L形骨牌，完全覆盖这个缺了1格的正方形。人们甚至把这个问题作为比赛项目：谁能在较短的时间内完成，谁就是优胜者。

为了便于说明，我们将5×5的正方形染成黑白两色，见图6－6。这时，规律就“显山露水”了。我们说，凡是剪去任一黑格的图形就一定能用L形骨牌加以覆盖，而剪去任一白格的图形就不行。（所谓黑格、白格只是一种方便说法，实际上不能真正去画，以免泄露天机。）

图6－6

先说前一种情况。假定被剪去的单位正方形位于棋盘中心，则不难找到具体的覆盖办法，见下页图6－7。如果所剪的格不在中心，而在其他位置，请读者自己去试试。为什么剪去任一白格的图形无法用8块L形骨牌覆盖呢？让我们请数字来帮忙。在5×5正方形的各个格子里填入自然数1、2、3、4，见下页图6－8所示。不难看出，凡是黑色小方格的位置，所填的数字都是1。一块L形骨牌无论怎样摆，它所覆盖的3个数目必定互不相同。

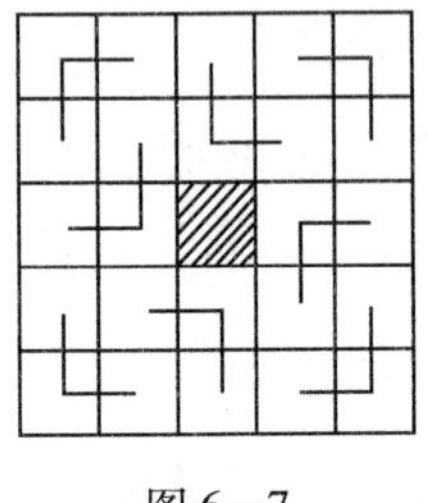

图 6－7

1	2	1	2	1
3	4	3	4	3
1	2	1	2	1
3	4	3	4	3
1	2	1	2	1

图 6－8

在去掉一个白色小方格后，如果可以用 L 形骨牌完全覆盖，那么图上的 9 个 1 必定会落到 8 块 L 形骨牌中。但是根据抽屉原理，此时必然会有某个 L 形骨牌中含有 2 个 1（好比 9 只苹果放在 8 只抽屉中，肯定会有 1 只抽屉至少有 2 只苹果），而这是无论如何做不到的。

由此可见，剪去的格子其实分别属于两种截然不同的类型，好比使笨驴上当的盐与海绵。

“气死我也”

话说白雪公主有一个漂亮而好嫉妒的后母，她虽然贵为王后，但心肠十分狠毒。她有一面魔镜，每当她照镜子时，总是要问：“小镜子，小镜子，天下的女人谁最美丽?”当看到镜子里出现的形象是她自己时，她便十分满意地一笑。

当白雪公主长成花季少女时，镜子却回答：“王后，以前这儿数你最美丽，但现在，白雪公主比你还要漂亮一千倍。”接着，魔镜里就映出了白雪公主的形象，王后嫉妒得脸色发青。

狠毒的王后指使一个猎人去杀死白雪公主，并要他把她的肝和肺拿来作证，领取重赏。但是这位猎人受到自己良心的责备，不愿做杀手。于是他杀了一只野猪，取出它的心肝和肺来向王后交差。这个狠毒的女人叫厨师放了盐，

把它们煮熟以后吃掉了。

白雪公主逃进茫茫林海，同 7 个小矮人住在一起。再说那个坏女人吃了野猪的肝和心肺以后，又去问魔镜，镜子的回答却使她大吃一惊：

“王后啊，这里数你最美丽，可是在遥远的山那边，在 7 个小矮人那里的白雪公主，比你还要漂亮一千倍呢！”

话音刚落，镜中马上出现了白雪公主的漂亮面孔。王后大叫一声：“气死我也！”原来猎人欺骗了她，白雪公主依旧活在世上。她怎肯善罢甘休，于是在脸上涂了颜料，乔装打扮成卖杂货的老太婆，想方设法要把白雪公主害死。

由于篇幅关系，我们只好把故事加以精简：卖木梳，骗吃毒苹果……这个坏女人施尽了阴谋诡计，但是事与愿违，镜子里始终出现她最不愿意看到的、白雪公主的形象。

下面我们来介绍一个游戏。先用较硬的卡纸做出一大一小两个同心圆盘，其中大小两个同心圆都被分为 16 等份，并且小圆可以在大圆中转动。

游戏方法如下：先将小圆任意转到一个大小圆半径对齐的位置，然后从转盘上随便哪个人物开始，按照小圆中所对应的数字沿着逆时针方向数出几格，把最后一格的人物记在心里。这时，不需要你作任何暗示，游戏者就能猜出你心中暗记的是什么人物。

例如把内层的同心小圆转到下图位置，如果你从“巫婆”开始，照逆时针方向数到第 24 格(“巫婆”算第 1 格)，

那最后一格必定是“白雪公主”，你说奇怪不奇怪！

其实，这个转盘是经过精心设计的。按照上面交代过的办法，随便从哪个人物开始数起，最后一定会停在 33 所对应的人物上；说白了，也就是停在“白雪公主”上。为了不让人识破其中的奥妙，在做这个游戏时，最好是让同学们一个一个地来试；而且在猜过几个人之后，就把小圆转过几格，以便使答案换成别的人物。

如果用漫画表示盘中的童话人物，本游戏的趣味就会更浓厚。

左右逢源

据说，从前齐国某人家有个女儿，长得非常美丽，远近闻名。两个人同时向她求婚，其中一人是东家的儿子，长相是个“丑八怪”，但家里非常有钱；另一个是西家的儿子，长得相当漂亮，学问不错，但家里很穷。父母对此事犹豫不决，拿不定主意，便征求女儿的意见，让她自己决定嫁给谁，并对她说：“你要考虑周到，想想比比，不要仓促决定。要是你羞于开口、难以直说的话，就或左或右地袒露一只胳膊，让爹娘了解你的想法。”女儿点点头。第二天，她把父母叫进房间，袒露出两只胳膊。父母感到奇怪，问她什么缘故。女儿说道：“我想在东家吃饭，西家住宿，这就是我袒露两臂的意思。”

东西方相隔万里，文化背景、风土人情相差悬殊，但寓言方面却有很多类似之处。中世纪时的意大利尚未形成

统一国家，北部平原城邦林立，群雄并起；热那亚和威尼斯一东一西，互相敌对，彼此争抢人才，都想独霸天下。当时有个原籍西西里岛、名叫卜加修的人，“脚踏两条船”，先后在东西两国做过高官，凭其三寸不烂之舌，劝他们摒弃前嫌，偃武修文，和平共处。尽管他没有苏秦那样大的本事，却也干得不错。

这样的事情还可以举出一些。多数情况下，这些人是“人财两空”，所谓“偷鸡不着蚀把米”。

“上北下南，左西右东”，大家都知道，这是地理学上定下的规矩。“东西”可以变为“左右”，反映在数字上，就是数的首位与末位。

有趣的是，中世纪的意大利，是个名副其实的“趣题之乡”。据说，下列问题与数学史上极其有名的斐波那契有关。他发现在 100 万以下，只存在一个 6 位数；用它乘以 4 后，得出的乘积居然与被乘数大同小异，只是末位的数移到首位而已，其他的数完全保持不动。

请看下面的乘法等式：

$$102564 \times 4 = 410256,$$

这真是一个“左右逢源”的数。这样的数可说是“凤毛麟角”了吧？

不，并非如此，它还可以 6 位、6 位地任意拉长，等式照样成立，比如：

$$102564102564 \times 4 = 410256410256,$$

$$102564102564102564 \times 4 = 410256410256410256。$$

不信，你可以试试。

这些奇妙的性质，都同循环现象有关。“循环”和“混沌”现已成为数学研究里的两个大热门了。

谁的本领大

北风和太阳争论谁的本领更大些。他们约定，谁能剥去行人的衣服，就算谁胜利。北风猛烈地吹刮着，可它吹得越厉害，行人越把衣裳裹紧，穿更多的衣服；太阳越晒越猛，行人热得难受，便一件件脱衣，直到最后把衣服通通脱光，跳到附近的河里洗澡去了。

如果比赛谁能使行人多穿衣服，那么，北风肯定是赢家了。北风之所以输，是因为它扬短避长——自己的特长与竞赛背道而驰。

到了极端，竟可以连自己都不认得。非洲寓言“跳鼠智胜狮子”就说了这样一个故事：

跳鼠抽中了倒霉的签，森林里的野兽们要把它抓去进贡给狮子吃。跳鼠说：“不用你们抓，让我自己去。”跳鼠见了狮子，自我介绍说：“我们这次抽签，是我抽中的，理应作为你的口中之物。但刚才在路上，井里有一只狮子拦住了我，他说他的力气比你还大，要把我抢去吃。”

狮子大怒，杀气腾腾地奔到井口。它往里一看，果然看见另外一只狮子正怒气冲冲地望着它。狮子于是向井里的狮子猛扑过去，结果淹死在井里。

井里的狮子，实际上是它自己的影子——这是本寓言的点睛之笔，本体与镜像是完全对应和匹配的。

匹配战略在博弈论（美国数学家约翰·纳什因为在博弈论中的重大贡献而荣获诺贝尔经济学奖。电影《美丽心灵》就是讲他的，该片一举获得奥斯卡 4 项大奖）中是一个重要的思路，它能帮助你获得下列“斗法棋”的胜利。

该棋有黑白棋子各 12 枚，放在一个 5 × 5 正方形棋盘上，中间有一个空格（见下页图 6－9）。白子先走，每次只能移动一次，即把自己一方与空格直接相邻的棋子走入空格；但规定只能上下左右移动，不准斜走。如果轮到哪方走时面前没有空格可走，他就只能认输。

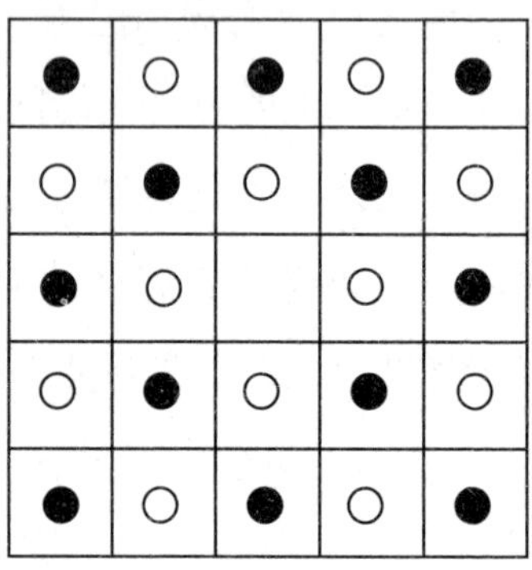

图 6－9

这种比赛看上去简单，好像也没有规律。不过，这只是表面现象而已。相传古时走这棋最多不过 12 步，就能决出胜负。

首先，它是“后走者胜”。别的棋子大都是“先发制人”者占便宜，而它却相反。

人们常说“心中有数”，但是，在解决实际问题时仅仅有数还是不够的。恩格斯曾经说过一句名言：数学是研究数与量的科学。具体到这一题，还应该“心中有图”。有了图，你就能稳操胜券！

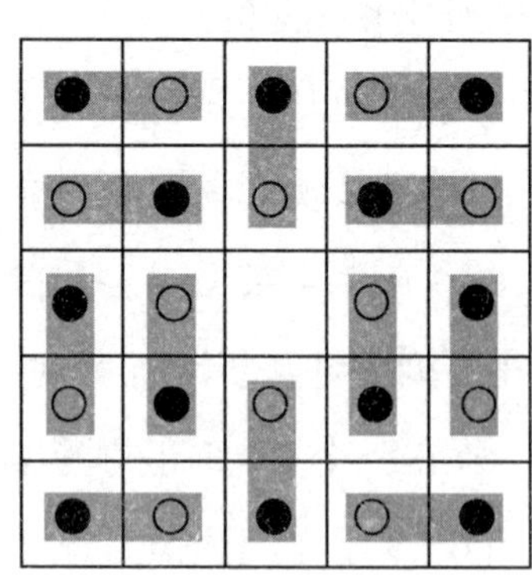

图 6－10

不妨设想棋盘上放着 12 只骨牌，每只骨牌占 2 格（一黑一白），见图 6－10。当白子走动时，看它是从哪一张骨牌里走出的，然后记住秘诀：下一步，你也必须走那张骨牌里的黑子。好像上面的寓言故事，狮子狂吼，井里的狮子也狂吼。只要白子有路可走，那就保证你也必定有路可走。

当然，这个图形你要默记在心中。最后，应该说明的是：骨牌的安放法绝不止一种，还有许多排法，你不妨去试试。

不灵的神谕

中国古时候有个很出名的传说，叫做“河伯娶妇”。巫婆们装神弄鬼，说是河里的神仙要讨老婆了，要当地的百姓进贡钱财。这些装神弄鬼的巫婆们搜刮民脂民膏不说，还要把一名年轻女子盛装打扮以后，抛进河里说是送给河伯当媳妇。这种陋俗，多年不改，使百姓不胜其害。直到后来，有位聪明的地方官西门豹将计就计，以其人之道，还治其人之身，把几名作恶多端的巫婆推进河里，说是去向河伯报告，“这姑娘长得不漂亮，请允许我们另外换人”。这法子果然灵验，吓得众巫婆面如土色，叩头如同捣蒜，连连求饶，说以后再也不敢装神弄鬼骗人了。以上便是有名的“西门豹治邺”的故事。

据说外国有个沃伦堡，有许多聚族而居的遗址。这种城堡，有点像宝塔，下面大，上面小，四周有许多瞭望哨。

每层都有规格统一的“单元”房，其面积约为64平方米，正方形；家家都一样，体现了原始公社式的“一律平等”思想。

全族供养着一位“灶神”。每年祭祖，由族长传达“神谕”。他们有一个历代相传的习惯，数百年来从未改变：从灶神所在的一室（此室的位置并不固定，可以随时变动），向该层边缘尽头的一角画一条对角线；凡是对角线穿过的“单元”，其户主都要准备贡品，否则灶神是要降下灾祸的。

让我们对照矩形的平面图作些解释。底层为9×10的矩形（见下页图6－11），二楼是9×6的矩形（见下页图6－12），三楼是8×4的矩形（见下页图6－13）。年老的族长口中念念有词，传达“神谕”说，底层被对角线穿过的共有 18 户，各应准备丰盛的贡品上供，他还宣布了各户的房号。

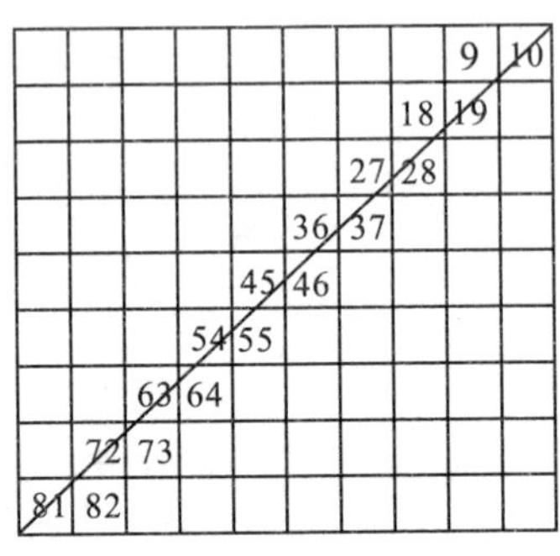

图 6－11　底层有 18 家住户要准备贡品

下一年，该族长年老去世，他的计算方法没有留传下来。不过，继任的族长认为这没什么了不起，来个照葫芦画瓢不就行了吗？他猜想，由于 18＝10＋9－1，即是（长＋宽－1），于是他假托神谕，说是二楼应上贡的住户为 9＋6－1＝14(户)。谁知这次却是大错特错了，经过实际测算，二楼被对角线穿越的房间只有 12 户！

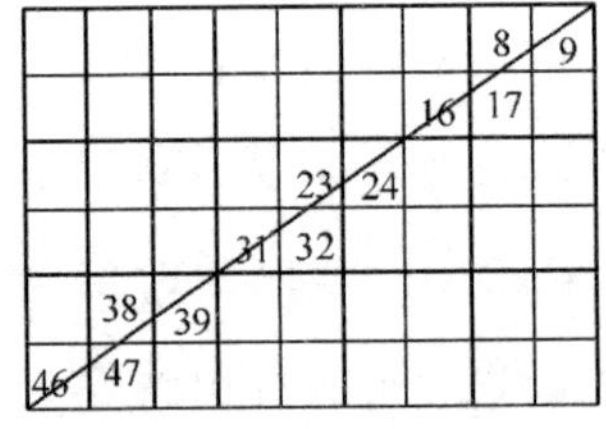

图 6－12　二楼有 12 家住户要准备贡品

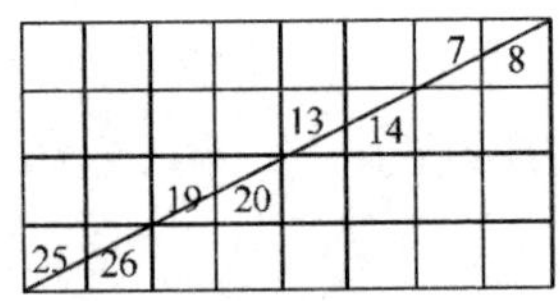

图 6－13　三楼只有 8 家住户要准备贡品

当然这个办法用到三楼去，也是不灵的！于是族长焦头烂额，急出了一身冷汗。总算后来有位聪明的年轻人，教了他正确的计算办法：设 a 代表长度，b 代表宽度，（a，

b）表示 a，b 的最大公约数（当 a，b 互质时，最大公约数等于1），则被对角线穿越的房间数应为 $a+b-(a,b)$。

验证一下：

底层：$10+9-(10,9)=19-1=18$；

二楼：$9+6-(9,6)=15-3=12$；

三楼：$8+4-(8,4)=12-4=8$。

请你想一想，式子 $a+b-(a,b)$ 是根据什么得出来的。你能想到吗？

狡猾的乌龟

乌龟又要和别人赛跑了，可是，这一次它的对手不是兔子，而是羚羊。

羚羊信心十足，因为在动物界，羚羊是有名的“飞毛腿”，更别说跟乌龟比赛了。羚羊想：只要我在比赛的时候不像兔子那样中途睡大觉，肯定能赢。它反复考虑，始终觉得胜算在握，绝不会出什么意外。

第二天早上，它们前往指定的出发地点。到了那里，公证人老虎大喝一声：“跑吧！”羚羊拔脚飞奔，把乌龟远远甩在后面。

过了一会儿，羚羊停了下来，高声问道：“喂，可怜的乌龟，你在哪儿啊？”

但听“哧”的一声冷笑，乌龟回答说：“我在这里呀！”

羚羊大吃一惊，于是顾不上喘息，跑得更快了。它跑了好一阵子，又停下来问：“乌龟，你在哪儿啊？”它又听见乌龟慢悠悠地回答：“我在这里。”

再往前还是老样子。羚羊时常停下来问：“乌龟，你在哪儿？”而每一次乌龟总是不慌不忙地回答：“我在这里。”

最后，羚羊跑到了指定的终点，可是乌龟已经在那里等它了。

“老兄，我早到了，你认输吧！”

原来这只乌龟骗了羚羊。它在头天夜里把自己所有的亲属召集起来，开了次紧急会议，让它们待在羚羊经过的路边青草里。羚羊每次停下来喊乌龟，其中的一只就马上

回答它。

羚羊却是有眼无珠，受骗之后还错误地认为，也许对手是只千年老乌龟，兴许能够飞，所以心甘情愿地认输了。

以上这则非洲的寓言故事，旨在说明“要紧的不是跑得快，而是长有一个好脑袋”。

如果你能回顾一下上述寓言，就不难发现2个特征：乌龟家族人员众多，可以听候调遣；任一个体都一模一样，无法区别。现在我们要问，还有什么东西也具有这些特征呢？这个问题来得突兀，好像很难回答。但只要略微一想就可以恍然大悟：自然数家族不就是现成的答案吗？

经过训练，许多动物都能认识简单的阿拉伯数码。一些资深的专业科普作家，在欣赏了精彩的动物表演之后，往往能受到启发，写出很优秀的科普作品。

荣获斯大林奖金的前苏联数学家、教育家柯尔詹姆斯基先生曾以“开发心灵美”为题，举了一些令人叹服的巧妙算法，其中之一如下：

例：8888 × 3333 = 29623704。（见算式）

```
      8888
×     3333
----------
      24
     2424
    242424
   24242424
    242424
     2424
      24
----------
  29623704
```

数学发展到了今天，其重点已

经不在于单纯的计算。像这类题目，谁不会算，孩子们只要用袖珍计算器就算出来了。然而，把科学和趣味联系起来，这才是这道题的精髓所在。

牛与狐的对话

传说，上古时代有次地球上发大洪水。为了保存物种，诺亚把牛同狐狸带上了那只著名的方舟，同舟共济做了一次“同路人”。但是，打那时起，它们就桥归桥，路归路，河水不犯井水，老死不相往来。

欧洲文艺复兴以后，社会发生剧烈变动，自给自足的小农经济开始没落。老黄牛感觉到自己有点跟不上形势了，而老狐狸的日子却一天比一天红火，上门“孝敬”的人越来越多，把个老黄牛看得心里痒痒的。于是老黄牛求亲托友，送上一份厚礼，心甘情愿地要拜老狐狸为师。

光阴似箭，日月如梭，眼看 3 年快到了。在此期间，由于狐狸倾心传授，黄牛学到了不少本事。但它是不是把狐狸的本领全部学到了呢？作为老师的狐狸决定举行一场别开生面的毕业考试：不采取一问一答的形式，而是通过对话，比一比吹牛皮的功夫。

狐狸说："我看见一只小小的圆形木桶，当初马其顿亚历山大大帝的88万大军在里面洗澡，也不觉得拥挤。"

老牛说："是啊！我肚子里也有一本账。你可知道箍这只木桶的竹子吗？有人偷了一根竹子，用尺去量，父传子，子传孙，可到他孙子手里还没有量完；拿它来箍这只桶，只用了$\frac{1}{10}$。"

狐狸落了下风，但他不肯服输，又说道："我家老祖宗是位九尾仙狐，早已修成正果，他的大女儿就是赫赫有名的商纣王的皇后妲己娘娘。庙里有一只牛皮大鼓，年初一敲响，到了大年三十还有余音呢。"

老黄牛说："有一只大牛住在江北，他把头伸出来到江南啃吃青草；喝了3口水，连大江都见底了。"

狐狸怒斥："一派胡言！哪有这样的大牛？"

老牛心平气和地回答："没有这种大牛，哪来牛皮去蒙你家庙里的大鼓？"

这真是以子之矛，攻子之盾。狐狸哑口无言，只好服输。老黄牛青出于蓝而胜于蓝，终于通过了考试。

有道是"假作真时真亦假"，如果大前提错了，结论怎么会对呢？不过，能将错的说成对的，并且能自圆其说，

倒也显出一个人的智慧。

比如，有人看到下面颠三倒四、不知所云的算术等式：

$24 \div 56 = 37$，$83 \times 17 = 43$，$46 - 2 = 80$，$97 + 43 = 8$，

认为是某人发高烧时的“杰作”，好比张天师画符，毫无意义。

但是，有人竟认为这些等式是正确的！只不过，这里的 +、−、×、÷ 等运算符号与 0、1、2、3、4 等数码的意义变了。经过分析，他排出了一张“对照表”：

表面假象	0123456789	+	−	×	÷
真正意义	7436129058	÷	×	−	+

用这张“对照表”一套，上面 4 个稀奇古怪的等式，

露出了它们的“庐山真面目”，原来竟是：

31 + 29 = 60，56 - 40 = 16，19 × 3 = 57，80 ÷ 16 = 5。

这 4 个等式居然天衣无缝，一点儿也不错，就像老牛的吹牛皮大话一样可以自圆其说。

把运算符号与数码打乱了重排，虽然是密码学的一种粗浅方法，但对未掌握“密钥”的人来说，破译起来倒也并不容易。

神奇的1001

有一回，红辣椒和西瓜进行了一次简短的对话。双方各不相让，用词尖刻，好像钉头碰上了铁头。红辣椒对西瓜说："我是红的，你也是红的。可是咱总也弄不明白，你为什么红得发甜，人见人爱；而我却红得很辣，使有些人望而生畏，退避三舍呢？"

西瓜答道："这是因为，我红在心里，而你却红在外表。"

自然数家族里也是如此。同样是数字，有些数备受欢迎，如818（谐音为"发一发"）；有些数却让人避之唯恐不及，如14（谐音为"要死"）。不过，前几年一度"红得发紫"的818只是外表招人喜欢，骨子里却是个"草包"；1001才是货真价实，既有外在美，又有内在美的数。

一代数学大师、德高望重的陈省身老先生，在2002年

北京国际数学家大会期间为少年数学论坛题词：“数学好玩”。数学好玩吗？数学确实好玩，你看，1001 就是一个非常好玩的数。

任意一个 3 位数乘以 1001，你简直算都不用算，只要眨一眨眼睛，结果就出来了。其办法是：只要把那个 3 位数“克隆”一下接在原数的后面，使之变成 6 位数就行了。例如：

$$357 \times 1001 = 357357,$$

$$606 \times 1001 = 606606。$$

容易验证，这类 6 位数肯定能被 3 个“桀骜难驯”的素数 7、11、13 整除。

如果被乘数只是 1 位数或 2 位数，也可照此办理；但事先要添加0，补足为3位数，最后再在答案中省略。例如：

$$37\times1001=37037,$$

$$8\times1001=8008。$$

大家都知道，在加减乘除四则运算中，除法是最麻烦的运算。然而，如果除数为1001，那就轻而易举了。

比如，要把真分数$\frac{a}{1001}$化为小数，该怎么办呢？是照普通办法一步步地除吗？完全无此必要，我们可以一步就写出答数。一般地说，它是一个循环节为6位的循环小数，可分为前后2段，每段各3位；前半段的3位数必然是$a-1$，而后半段的3位数则是$999-(a-1)$。例如：

$$\frac{334}{1001}=0.\dot{3}3366\dot{6},$$

$$\frac{667}{1001}=0.\dot{6}6633\dot{3}。$$

计谋中的数学

九阿哥的密信

大家知道，康熙晚年，他的 26 个阿哥，为争夺皇位，结交朝臣，明争暗斗。据说，后来四阿哥允祯（zhēn）采取阴谋手段篡夺政权，登上了皇帝宝座，改叫胤（yìn）禛，称雍正皇帝。

雍正继位以后，杀了许多人，与他争夺皇位的兄弟都不同程度地遭到放逐、监禁和杀害。九阿哥允禟（táng）被流放到了青海省的西宁，遭到软禁。一起被放逐的，有他的支持者、曾教过他拉丁文的葡萄牙传教士若奥·莫剂朗。在当时，懂拉丁文的人可以说是凤毛麟角。于是，允禟就放心大胆地利用拉丁文来和他儿子秘密通信。开头几年，倒也没出问题。可是，到了 1726 年初（雍正四年），他儿子用拉丁文写给他的一封密信，不幸被雍正的亲信截获，事情败露了。雍正对他们一直是猜忌疑心，恨之入骨，于是就下圣旨把允禟开除出皇族，还把他从青海西宁迁往河北保定，同另一个兄弟允禩（sì）关在一起。不仅如此，雍正还咒骂他们 2 人为“阿其那”和“塞思黑”，就是“猪”和“狗”的意思；而他们 2 人的待遇，也只能像“猪”和“狗”一样，永远被“圈禁”起来。

世界上，究竟有多少种语言？这个问题恐怕难以说得清。用一般人不懂的语言来通信，其作用不亚于密码。对自己人来说，一不用“编码”，二不必“破译”，真是既方便，又简单，是最简捷的“密码”。

第二次世界大战中，有不少人利用这种方法联络。比如，在美国部队中，经常有一些日裔血统的将士在战场上不加掩饰地用日语进行通话联络。无独有偶，美军中的印第安人，则在北非战场上大讲印第安语，把德军搞得稀里糊涂，莫名其妙。

你看，某些别人听不懂的方言和土语，也是一种秘密交往的“密码”。所以说，外语、方言、土话真可谓不是密码的“密码”。

走为上计

“三十六计，走为上计”，既是一句成语，又像是一个总结。毫无疑问，在36条计谋中，本计的使用频度，稳坐第一把交椅。

所谓“走”，有主动与被动之分。要知道，无论何种战斗，谁都不可能常胜不败；如果环境于己不利，那就应该及时转移。西楚霸王项羽“无颜见江东父老”，自刎于乌江之滨，后世之人为之长长叹息；英雄末路，实在是咎由自取。“应走不走，反受掣肘；当断不断，反受其累”，“不走”者算不上英雄，“走”者也并非懦夫。

甚至在自己的阵营里，有时也不得不采用“走为上”之计。许多人恐怕都曾游过无锡，那里有个蠡湖，位于太湖之滨，风景绝胜。此湖因范蠡而得名。范蠡是春秋时期越国的大夫，智谋过人，越王十分倚重，视之为左右手。

他后来辅助越王，灭了强大的吴国，被封为上将军。由于长期相处，范蠡深知越王勾践的为人，“狡兔死，走狗烹；敌国破，谋臣亡”，于是他弃富贵如敝屣，偷偷带了西施，经太湖远走高飞了。

历史事件有时会重演。数百年之后，汉高祖刘邦做了皇帝，一心一意想杀戮功臣，以巩固他刘家一姓的统治。张良看透了刘邦的心思，连忙功成身退，一走了事；而韩信贪恋禄位，终于身罹“未央宫之祸”，被刘邦、吕后所杀。

“走”，不过是权宜之计，当然可以卷土重来。春秋时，伍子胥因父兄被楚平王屠杀，只身逃亡，偷渡文昭关，一夜白了头。他逃到吴国都城苏州后，沦落为叫花子，吃尽千辛万苦。后来，他终于受到吴王的重用，兴兵伐楚，打进了楚国的京城，掘了楚平王的坟墓，鞭打其尸体，报了父兄的大仇。

2000多年之后，蔡锷被袁世凯软禁。为了逃离樊笼，他假意花天酒地，借此麻痹敌人。后来，他终于逃出北京，回到昆明。回到昆明之后，他立即组织“护国军”，讨伐袁世凯，终于使做了八十几天皇帝的袁世凯灰溜溜地跌下来。

话得说回来，实施走为上计，有一点至关重要。常言道：“跑得了和尚，跑不了庙。”荆轲刺秦王，图穷而匕首

现；由于他剑法不精，反而被秦王的左右乱刀砍死。秦王自然不会就此罢休，结果导致荆轲的主使者太子丹人头落地，连燕国也被秦国灭亡了。所以说，失踪者必须逃得无影无踪，连一点儿蛛丝马迹都不留下。不妨用一句开玩笑的话来形容：连国际刑警组织也束手无策，无法追捕。

奇妙的是，脚底抹油，跑得无影无踪的失踪问题居然在数学里头也有。这种问题，来历很古，至今还很受欢迎。

把一块边长为 13×13 的正方形毯子剪成 4 块，重新拼成一块 8×21 的长方形毯子（见下页图 7－1）——当然我们不必真的去剪坏毯子，只要在纸上做就行。

现在让我们来算一笔账。左图的正方形面积显然是 13

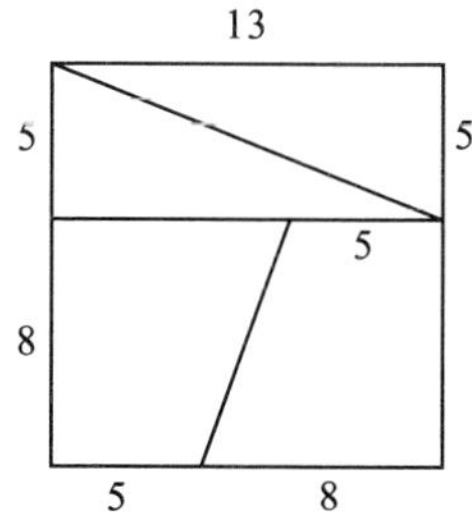

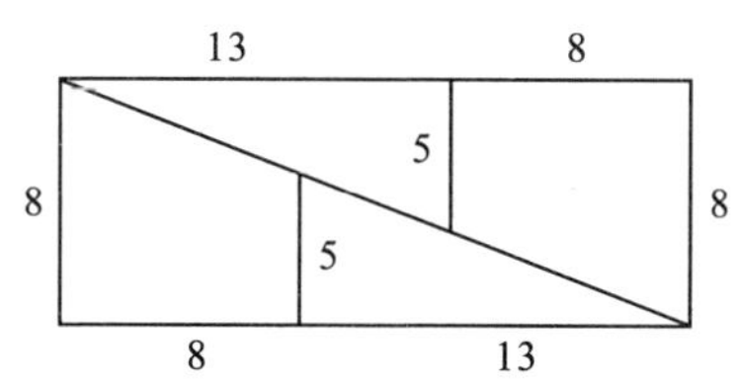

图 7 - 1

×13 = 169，但右图的长方形面积却是 8 ×21 = 168；两者并不相等，有 1 个单位“失踪”了！

请问，这 1 个单位究竟“逃”到哪里去了？

杀鸡儆猴

韩信出身卑微，曾受过市井无赖的胯下之辱。汉高祖刘邦筑坛拜将之后，他还是被一班老臣瞧不起。韩信上台以后，立下极为严厉的规章制度。有一天，他下令会操，限定清晨五更天就要集合报到，违者军法从事。

点名完毕，只有监军殷盖未到。韩信不动声色，也不追问。眼看到了中午，殷盖方从营外而来，想闯进辕门。守门的连忙拒绝，说："元帅已演习大半天了，没有他的命令，我不敢放人进去！"

殷盖大发脾气："什么元帅不元帅，真是小人得志，不知天高地厚！我是监军，地位与他平起平坐。他不来迎接我，已经傲慢无礼了。"一面说一面大摇大摆地进去，见了韩信，两手一拱，尚是余怒未息。

韩信一面答礼，一面却说："国有国法，军有军令。早已三令五申，限卯时集合，你却到了中午才来，如此藐视军令，依法当斩！”言毕，他便收起笑容，冷若冰霜，一脸杀气。殷盖自恃老资格，又是刘邦的宠臣，哪肯服输！一面指手画脚，一面破口大骂，把韩信的“老底”都揭了出来。

韩信不与他争辩，喝令左右把殷盖绑起来，然后下令痛打50大板，先杀杀他的威风。殷盖被打得皮开肉绽，血肉横飞，当下叩头求饶。由于殷盖为人一贯作威作福，飞扬跋扈，军中大将哪一个肯替他说情呢？

有人飞马报告刘邦。刘邦大吃一惊，连忙下手谕叫韩信刀下留人。可是韩信还是坚持自己的意见，“将在外，君命有所不受”，不买刘邦的账。片刻工夫，刽子手便把殷盖的人头装在盘子里交差了。

军中将领吓得半死。从此以后，再无人敢藐视军令。

以上便是“杀鸡儆猴”之计。此计的发明权并不属于韩信，在他之前，用过此计的人不计其数。最为脍炙人口的，当然是春秋时代的大军事家孙武的故事了。

孙武为吴王训练娘子军，分成两队，由吴王的两位爱妃当队长。不料这些人队形不整，高声嬉笑。孙武大怒，拂袖而起，大发虎威，再次重申前令。不料两位队长还是不听指挥，乱说乱动，自行其是。

于是孙武断然采取措施，下令把两位队长斩首示众。众宫女个个吓得发抖，这才诚惶诚恐地认真操练起来。

鸡、猴、兔都是些可爱的小动物，孩子们特别喜欢。日本有位趣味数学专家根据三十六计中“杀鸡儆猴”这一计，编出了一道有趣的减法算式。在式子里，不同的动物代表不同的阿拉伯数字。你看，雄赳赳的雄鸡队长正在回头督促他的一群队员（小猴子）抓紧赶路呢！正在此时，杀鸡的人来了。雄鸡一惊，就逃到了底下。3 只小猴子怪机灵的，早就脚底擦油开溜了。连小兔子也吓破了胆，跑得无影无踪。

现在要请你算算，鸡、猴、兔各代表什么数字？

我们从图中看到，鸡没有去减任何数，就吓跑了。这是啥原因呢？当然是在做减法时被借走了。由于借位只能借1，所以鸡就是1。

这只鸡逃到底下，变成了差数。根据这条线索，不难推出：猴代表0，兔代表9。这样一来，我们就不难破译出动物算式的答案了：

$$\begin{array}{r} 1000 \\ -\ \ 999 \\ \hline 1 \end{array}$$

这类题目不难加以改编，可以改得更难、更有趣些。让孩子们自己编题目、画图，动手参与，这对加强素质教育也是有些作用的。

无 中 生 有

“无中生有”是彻头彻尾的弥天大谎，好比没有本钱的买卖，简直比“一本万利”还要厉害10倍！你们不要不相信，这条计策在古今中外的战争、商业、外交乃至宫廷政变中居然一再使用，而且屡屡得逞！

计谋中的数学

据近代历史学家考证，“无中生有”计的创始人要推陈胜、吴广。为了推翻残暴的秦王朝，他们把写有“陈胜王”的布帛塞入鱼腹里，以示天意；又派人在野地里装鬼叫，半夜大喊“大楚兴，陈胜王”。这样一来，很多人信以为真，便和陈胜、吴广一起在大泽乡揭竿起义。其结果竟然是“星星之火，可以燎原”，使秦朝的统治摇摇欲坠。

话说清朝有个著名的中医叶天士，医术高明。他本来是个默默无闻的草野匹夫，生意也是门可罗雀，连自己的生活都非常困难。

有一天，一贯装神弄鬼，连皇帝老子都要敬畏三分的张天师来到苏州布道。叶天士灵机一动，便去叩见张天师，把自己的本事与遭遇告诉了张天师，并求张天师助以一臂之力。

张天师一口答应帮忙，叮嘱他在第二天下午申时（下午4时左右）在一座桥下经过，“山人自有妙计，保你时来运转”。

第二天，张天师的8人大轿果然来到桥头。一到桥头，他就下轿，向着桥下的船（叶天士正坐在船上）连连作揖，口中念念有词。别人看见之后，非常奇怪，便请教张天师是什么原因。张天师说：“桥下正好有一位天医星经过，他曾治好玉皇大帝的病，我当然要向他致敬了。”听张天师这么一说，那还了得？顿时一传十，十传百，叶天士的名气马上大大传开了。

叶天士有 3 个重要的关系户：张天师在苏州城内临时居住的行宫——天师府，供应处方药材的保和堂国药店与织造衙门。这 3 个地方全部位于棋盘形状的苏州城内（见图 7－2）。街道纵横，相交成十字，非常规整划一。

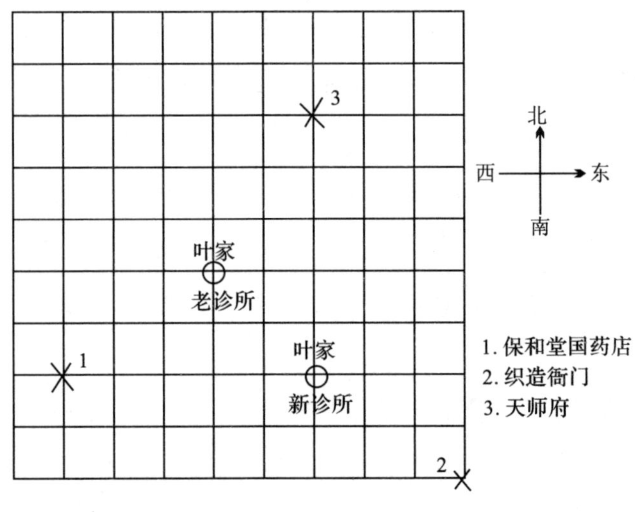

图 7－2

有一次，叶家诊所要搬家了，目的是要使新诊所离 3 个关系户的总距离尽可能短，以便联系起来更方便。

怎么搬才能使大家皆大欢喜呢？足智多谋的叶天士想出了一个发扬民主的办法，也就是“少数服从多数”的原则。比如，如果把老诊所向东搬迁一条马路，这时离天师府与织造衙门更近了，可离国药店要远一点儿了。2∶1，赞成者占优势，当然应该采纳多数人的意见。

照此方案，一步步地进行试探；如果多数人反对，那就改用别的移动方案。这样，步步为营，结果到达图上新诊所的位置。这时，无论再向哪个方向移，都是反对势力盖过赞成势力。于是，新诊所的位置就被确定下来。它是一个最优位置，距3个关系户的总距离为15个单位。

叶天士处处精打细算，再加上他的医道确实很高明，因而叶家诊所的生意愈加红火，叶天士也成了远近闻名的老中医了。

釜底抽薪

“釜底抽薪”是在争斗中经常使用的一种“兜底战术”。《东周列国志》里讲了这样一桩历史故事：秦国出兵攻打赵国。秦强赵弱，于是赵国老将廉颇坚守不出。秦兵强攻，伤亡很大，但始终不能攻下城来。这时秦国宰相范雎生怕时间一长，要出大问题，便想出釜底抽薪之计。他派奸细到赵国京城邯郸散布谣言，说其实秦国最害怕的是赵括将军，廉颇老迈，昏聩无用，怕死不敢出战，真是赵国的耻辱。赵王信以为真，下令撤换主帅，由赵括代替廉颇。然而赵括只有书本知识，并无实战经验，结果大败：赵括被杀，降卒几十万人被活埋，赵国差一点儿亡国。

“大鱼吃小鱼，小鱼吃虾米”，商战也是十分残酷的，不亚于血肉横飞的沙场。东南亚某国有两家银行是死对头，甲强乙弱。乙行想出一个计谋，不惜牺牲几十万元活动经费，密令手下人到甲银行去存活期储蓄，大大小小，开了1000多个户头。一星期之后，金融风潮突起，乙行老板眼看时机已到，便叫这些“储户”在同一时间前去提取存款，还到处散布谣言，说甲行要倒闭了。这些“储户”在甲银行门前排起长龙，阻塞交通。这样一来，引起了别的储户的恐慌，害怕银行倒闭，一时大家都来提取存款。结果甲行无法应付，只好宣布破产。在中国历史上，大名鼎鼎的“红顶商人”胡雪岩，也是由于他的钱庄被“挤兑”而搞垮的。

说起商战，现在各地削价成风，“跳楼价”“割肉价”满天飞。表面上看来，消费者好像大大得益了，其实不然。因为商店先把原价提高了，再来打折扣，简直是在玩弄算术游戏。由于消费者不知道原价这张“底牌”，如果轻信广告就难免上当受骗。

比如，连锁一店打出的广告里“本店产品一律八折”，可暗地里它先把商品的价格上涨20%，然后再下跌20%。以100元的东西来算，就是100→120→96元，仅仅便宜了4元。可由于消费者不知道原价这张“底牌”，以为真的捡着大便宜了。

连锁二店的办法又有所不同，所采用的花招是先加六成，再打六折。略为算一算就清楚，实价还是96元，只是

中间变换的过程变成 100→160→96 而已；“六折”听起来要比“八折”优惠得多，但结果还是换汤不换药！

对于这种商业欺诈行为，看来也只好来一个“釜底抽薪”之计，把它的底牌亮出来！

借途伐虢

借途伐虢（guó）是春秋时代的一桩大事。虢国、虞国和晋国接壤。当时晋国的国君晋献公，是个野心勃勃的人物，一有机会，就要侵略别国。一天，他派了说客，备好厚礼来见虞公，要求借一条路让他的兵马通过虞国去征伐虢国。见识短浅、鼠目寸光的虞公贪图小利，打算同意使者的要求。这时，虞国的大臣宫之奇连忙劝阻，说虞、虢乃是唇齿相依的邻国，虢国一旦灭亡，下一回就该轮到虞国了。但是固执的虞公根本听不进金玉良言，认为晋、虞两国的国君都姓姬，同是周文王、周武王的后代，“他们怎么会害我呢?”结果还是同意了晋国的要求。宫之奇一看苗头不对，再不走就要遭殃了，急忙带了妻子逃亡别国；“三十六计，走为上计”，溜之大吉也。

果不出他所料，那年冬天，晋兵攻灭了虢国。得胜之后，部队暂时驻扎在虞国。没想到晋国乘此机会发动突袭，一举消灭了虞国，连虞公都当了俘虏！

历史真是惊人地相似。既然有此一计，后人总要千方百计地加以利用。三国时期，老谋深算的刘备也是口口声声说他同益州刺史刘璋有“同宗”之谊，要求借道入川，还要求刘璋出兵助其抵抗张鲁。刘璋手下不乏明智之士，识破了刘备的阴谋，但是刘璋刚愎自用，听不进忠言，引狼入室，结果还是被刘备攻破了成都。另一方面，刘备“借”了孙权的荆州一直不肯归还，结果孙权恼羞成怒，起用吕蒙打进荆州，使孙、刘联盟彻底崩溃，反而使曹操坐收了渔翁之利。从此以后，各国统治者对“借”道攻别国之事都深具戒心，不肯轻易上当了。

1939 年，为了沟通东普鲁士与德国本部，希特勒向英法两国提出，要在波兰开辟出一条“走廊”，也算是借一条路吧。奉行绥靖政策的英国首相张伯伦、法国总理达拉第无知透顶，居然答应了希特勒的无理要求，结果希特勒索性一不做，二不休，趁机吞灭了波兰，这可以算是“借途伐虢”的现代版了。

在数学上，为了得到最佳方案经常要用到“借途伐虢”这条策略，比如下面这道题。

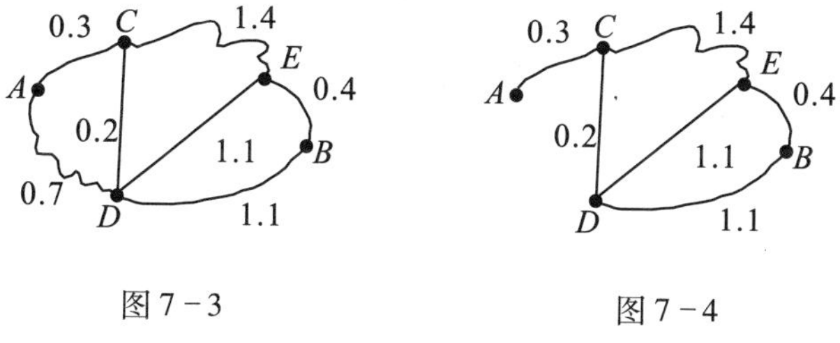

图 7－3　　图 7－4

图 7－3 是一幅简明的交通图，各段路程都是已知数（单位是千米），从 A 到 B，怎样走路程最短呢？

图上共有 5 个点，可能的路线很多，看起来眼花缭乱。但我们不妨这样来思考，从 A 直接到 D 要走 0.7 千米，而从 A 经 C 到 D 只有 0.5 千米。由此看来，从 A 直接到 D 的这条路是无用的，把它擦去为好，于是就得到图 7－4。

再看从 C 到 E 的路线。通过比较，从 C 经 D 到 E 要比

从 C 直接到 E 近便，于是我们把 CE 这段也擦去，得到图 7－5。就这样，通过一步步图上作业法，我们最后得到图 7－6，从而得知最短路线就是从 A 经 C、D，再到 B。

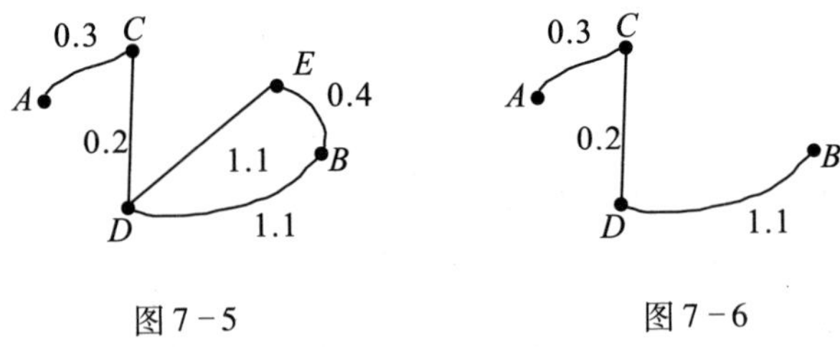

图 7－5　　　　图 7－6

好有一比：起点 A 算是晋国，终点 B 是虢国，而中途的 D 便是虞国，它是个咽喉要害之地。从 A 到 B 的最短路线是一定要经过 D 的，如能借道，当然是再好不过了。

神灵保佑

宋朝有一位武将狄青，同包公一样，也是朝廷上的顶梁柱。他从士兵出身，一直升到大将军，身经百战，有勇有谋。

狄青容貌俊美，一表人才，但看上去像个文弱书生，这对指挥打仗是很不利的。于是他在出征之时，总要先戴上一个青面獠牙、凶神恶煞般的假面具。敌人一见，吓得半死，在心理上就落了下风。可见狄青不但武艺高强，而且还是一位心理战专家。

公元1052年，蛮族首领侬智高在广西起兵反宋，攻破了邕州（今广西南宁市），然后沿西江东进。战斗中宋朝军队节节败退，在朝廷内外引起极大的恐慌。

公元1053年（宋仁宗皇祐五年），狄青奉旨征讨侬智高。由于路途遥远，粮草不足，全军上下都有畏惧之心。

士气不振，怎能打胜仗？狄青想来想去，心生一计。

大军开拔到桂林以南，他命人准备好了100枚铜钱，吩咐设下神坛斋戒沐浴，恭恭敬敬地向神灵祈祷许愿，口中念念有词：“下官狄青，奉旨征讨。愿上苍保佑，助我一臂之力，如能马到成功，荡平叛乱，则这些钱币抛掷下去时，正面必定全部朝上。”

在成千上万士兵的注视下，主帅狄青把手一挥，把铜钱全部抛掷到空中。当时众目睽睽，大家心头都捏着一把汗！

奇迹居然出现了，鬼使神差，落在地上的100枚钱币的正面通通朝上。这时，全军欢声雷动，山鸣谷应。在现场观看的民众也都惊讶得目瞪口呆。

事不宜迟，狄青立即下令，叫偏将们取来钉子，把铜

钱牢牢地钉在地上，并划定了禁区，任何闲人都不得入内，同时宣称，“待我得胜归来，必定酬谢神明，收回铜钱”。

狄青手下的将士认定神灵保佑，于是士气大振，在战斗中人人争先恐后，不久就把侬智高的部队打得一败涂地，收复了邕州。侬智高仓皇逃命，隐姓埋名，不知所终了。

班师回朝时，狄青收回了那些铜钱。他的部属们一看，原来，那些铜钱两面通通都是一样的！所谓神灵保佑，原来如此。

普通的铜钱都有正、反两面，要使 100 枚铜钱的正面全部向上，这样的机会（数学上把它称为“概率”）是小得可怜的。

它等于$\frac{1}{2}$的 100 次方。如果用对数计算，算起来倒也不难，但你们没有学过对数，所以我们只好大致估计一下。现在电脑很吃香，孩子们对 2 的不断翻番大都比较熟悉，所以一般都知道$\left(\frac{1}{2}\right)^5=\frac{1}{32}$，$\left(\frac{1}{2}\right)^{10}=\left(\frac{1}{32}\right)^2=\frac{1}{1024}$，于是$\left(\frac{1}{2}\right)^{20}=\left(\frac{1}{1024}\right)^2=\frac{1}{1048576}$，从而，$\left(\frac{1}{2}\right)^{100}=\left(\frac{1}{1048576}\right)^5\approx 7.888\times10^{-31}=\underbrace{0.000\cdots0}_{\text{(共计31个零)}}7888$。

这个概率小到什么程度呢？你看，它要在小数点之后接连出现 30 个零，然后才是一个 7。好有一比，假定全世界60亿人全都去买一种福利彩票，而只有一个人能中奖。这个中奖的概率可谓小矣，然而$\left(\frac{1}{2}\right)^{100}$的概率比它还要小得多!

研究随机现象的数学分支叫做概率论。它是应用数学的一个重要分支，现在已渗透到人们生活中的方方面面，甚至天气预报都有“降水概率”了。

善钻空子

在竞赛或斗争中对立双方的利益正好相反，你输即我赢，每一方为取胜或取得尽可能好的结局所作的努力，通常都会遭到对方的反击或干扰。所以，明智者都会考虑对手将会采取哪些策略，“知己知彼”才能“百战百胜”。

战国时期，齐国占据了山东、河北、江苏一带，土地肥沃，人口众多，其经济实力甚至超过西方的霸主——秦国。当时齐王手下有个大臣名叫田忌，官拜丞相之职。由于齐国境内太平无事，歌舞升平，君臣上下便斗鸡走马，尽情取乐。齐王与田忌都有养马之癖。有一天齐王忽然心血来潮，要田忌同他赛马赌输赢：双方都从上、中、下 3 等马匹中各选出 1 匹来进行比赛，一共进行 3 场，每场比赛都必须决出胜负，胜者得千金。

齐王的马都比田忌的马强，所以他胜券在握，以为田忌肯定要输他3000两黄金了。

齐王的上等马牵出来了，田忌正在拿不定主意，他的门客兼谋士孙膑（古代一位大军事家）连忙向他使了个眼色，向他咬耳朵："快把你的下等马牵出去比。"田忌对于孙膑向来是信得过的，知道他定是"山人自有妙计"，于是立即照办。田忌的下等马岂能同齐王的上等马相比，跑不了多久即败下阵来，场上顿时欢声雷动。

可是他们未免高兴得太早了一点儿。接下去的两场比赛，孙膑用田忌的上等马对付齐王的中等马，而用田忌的中等马对付齐王的下等马，结果居然连胜两场。一结账，田忌一方是胜二负一，居然净得千金。于是田忌哈哈大笑，重赏了孙膑；而齐王气得瞠目结舌，哑口无言，只好摆驾回

宫去了。

实力雄厚的齐王竟遭败绩，这个例子太有名、太激动人心了，不但当时轰动一时，还作为谋略学的典型例子流传下来。近几十年，作为运筹学中的一个突出事例，它又被人们反复引用。

让我们来作一个简单的统计。其实，双方共有 6 种对阵形式，为了叙述简单起见，我们用记号来描述："上—中"表示齐王的上等马同田忌的中等马进行比赛，如此等等。这样，6 种对阵形式如下所示：

①	②	③
上—上 中—中 下—下	上—上 中—下 下—中	上—中 中—上 下—下

④	⑤	⑥
上—中 中—下 下—上	上—下 中—中 下—上	上—下 中—上 下—中

从表中我们不难看出：①田忌 3 局皆输；②田忌胜 1 负 2；③田忌胜 1 负 2；④田忌胜 1 负 2；⑤田忌胜 1 负 2；⑥田忌胜 2 负 1，即孙膑教他的办法。

如果按纯粹的概率计算，齐王获胜的机会是$\frac{5}{6}$，而输掉的机会只是$\frac{1}{6}$。

可是齐王还是输了！原来，孙膑钻了比赛顺序的空子。如果齐王当初采用抽签的办法，那么胜负的形势就要改变了。

顺便讲一讲，上述赛马问题同孩子们特别喜欢玩的“石头—剪刀—布”游戏有着本质不同。在后一种游戏中，双方同时出示手势；不仅如此，后面出示的手势同前面毫无关系。这才是一个典型的矩阵博弈游戏，它的博弈值是0。如果长时间玩下去的话，双方将不分胜负，只能握手言和。

曹操中计

曹操对谋略学很有研究，他曾根据他的实战经验，写了一部《孟德新书》。这本书共13篇，全是用兵之要法，计谋之精髓。这样一部奇书，可惜没有流传到后世，而是被他自己扯碎烧掉了。曹操为何干下这等蠢事？原来，他被张松所算，受骗上当了。

张松其人，相貌十分丑陋，可是说起话来，声音洪亮犹如铜钟。此人在当时四川地方实力派刘璋手下，官拜别驾之职。有一年，刘璋派他充当使者，要求曹操出兵扫荡盘踞在汉中盆地的军阀张鲁（刘璋的死敌）。曹操见他形象猥琐，心中已有五分不高兴。交谈之间，两人话不投机，互不服气，相互顶撞。曹操大怒，拂袖而起，转入后堂去了。

曹操手下的高级参谋杨修继续接待张松。杨修竭力歌颂曹丞相的雄才大略，一面拿出曹操呕心沥血的杰作《孟德新书》给张松看。不料张松看过之后，十分不屑地说："这本书何足道哉！我们四川的三尺小童都能背得出来。它是战国时无名氏所作。曹丞相存心剽窃，诈称自己所作，这也只能骗骗你！你若不信，我来背给你听。"于是，他就将《孟德新书》从头至尾朗诵了一遍，竟然背得一字不差。原来，张松有过目不忘的本领。杨修把这件事情向曹操作了汇报。疑神疑鬼的曹操居然连自己写的书都不相信了，他说："莫非古人与我暗合吗？这本书如果传到后世，人家肯定要笑我是'文抄公'的。"于是下令，把这本书投到火中烧个精光。

计谋中的数学

像张松这样好的记忆力，历史上实在少见。记忆力的本质究竟是什么呢？现在的脑科学研究也还不能肯定其作用机制。前几年的《吉尼斯世界纪录》里曾经提到过，日本有位奇人友寄英哲，居然能一口气背出圆周率 π 的几万位小数！看来他的本事并不比张松来得差。难道他有特异功能吗？

许多有识之士指出，特异功能其实同魔术有着千丝万缕的关系。神奇的记忆力有真有假，不能一概而论，其中也可能包含着大量水分。不信，下面就让我来给大家表演一个“神奇记忆力”的节目：

黑板上有 100 个数字，由于篇幅关系，我们只写出其中的一小部分。如果看懂了本文，你们自己就可以补全它。这 100 个数字长长短短，看起来乱七八糟，毫无规律。请看：

$A_1$23301　$B_1$36312　$C_1$512334　…

$A_2$33612　$B_2$46604　$C_2$612628　…

$A_3$43923　$B_3$56916　$C_3$7129112　…

……

我对观众们说：“看哪！我只要对它们注视 3 分钟，就能把这 100 个数全部记住。只要你们随便说出一个编号，我就可以把这个编号对应的数说出来。”例如，他们说

“C_3”，我能马上说出 C_3 对应的数是 7129112。

这个戏法的秘密在哪里？其实，我的记忆力并不强，这只是一个数学魔术而已。黑板上那 100 个数字看起来乱七八糟，实际上它们都是按照一定的规律编出来的。你看，首先我规定 A 代表 10，B 代表 20，C 代表 40；B_2 相当于 20 + 2 = 22，C_3 就相当于 40 + 3 = 43；等等。这 100 个数字是按照以下“模式”制造出来的（以 C_3 为例）：

（1）把两个数字相加，例如 4 + 3 = 7；

（2）原来的两位数乘 3，如 43 × 3 = 129；

（3）原来的两位数中，用较大的数码减去较小的数码（若相等，则差自然为 0），如 4 − 3 = 1；

（4）两个数码相乘，4 × 3 = 12。

把以上各步得出的所有数目字串在一起，就得到 7129112 了。

狡兔三窟

冯骦（huān）是战国时四大公子之一孟尝君田文手下的食客与高参。田文当过齐国的丞相，由于跟齐王有矛盾，被齐王罢了官，为此他心中闷闷不乐。

冯骦为人工于心计，经常替田文出谋划策，排忧解难，因而深得田文的欢心与信任。有一次，他焚烧孟尝君的债券。孟尝君知道后大怒，责问冯骦。冯骦说："您别生气，我这是在替您收买人心哪！这个薛地是您的根据地，不能不苦心经营一番。不过，狡兔要有三窟，藏身之地多了，就可以逃避天灾人祸。现在只能算作一窟，让我再为您另找两窟。"于是，冯骦先到梁国，劝梁惠王聘用孟尝君；惠王欣然同意，答应给田文黄金千斤和最高级的官位；然后冯骦又力劝孟尝君不受聘，因为他预料到齐国必将重新起用田文。果然，齐国听说梁惠王欲聘用孟尝君后，考虑自身利益，赶忙派太傅送去黄金千斤，齐王还亲自写信致歉，要重新起用田文。目的达到后，冯驩对孟尝君说：“三窟已经准备就绪，你可高枕无忧矣。”后世的人，学习孟尝君经验者大有人在，比如晋朝的王衍，身任宰相，却派他的两位兄弟担任荆州和青州的大都督。王衍得意扬扬地说：“我在京城，你二人在外，足以成为三窟矣。”

唐朝的大诗人杜甫说：“千年孽狐，三窟狡兔。恃古冢之荆棘，饱荒城之霜露。”狡猾的老狐狸想吃兔子，兔子心生一计，它对狐狸说：“这一带有 10 个洞穴，大体上排列成一个圆形（见下页图 7－7），编上 0，1，…，9 共 10 个号码。开始时你从 0 算起，走 1 步到 1 号洞，然后再走 2 步到 3 号洞，然后走上 3 步到 6 号洞，又走 4 步回到 0 号洞，依此类推，继续走 5 步，走 6 步……我则选好 1 个洞穴，躲在那里。如果你走进了我躲藏的洞穴，那么，我算是认命了，

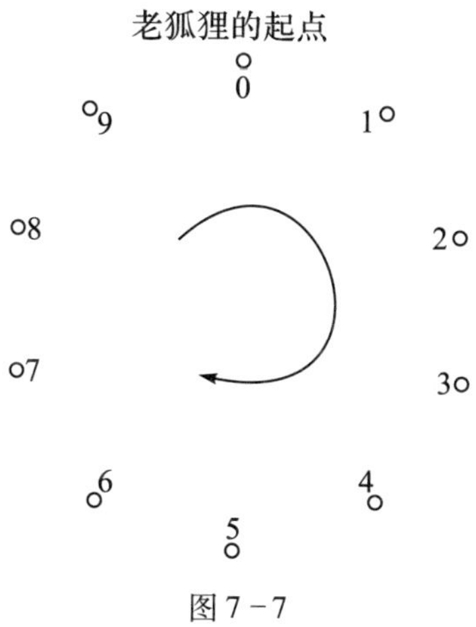

图 7－7

情愿做你的口中之食。但你必须严守规则，不得违反。”

老狐狸一听，自己行动自由，条件显然有利，于是欣然同意。双方一言为定，就请山中的猴王当了公证人。这猴王是当年花果山孙悟空的嫡系子孙，挺有威信的。

试问：老狐狸照此行事，能吃到兔子吗？

我们不妨把狐狸走 20 步所到的洞穴作一个统计：

一	二	三	四	五	六	七	八	九	十
1	3	6	0	5	1	8	6	5	5
十一	十二	十三	十四	十五	十六	十七	十八	十九	二十
6	8	1	5	0	6	3	1	0	0

这样走了20步之后，老狐狸走得头昏脑涨，饥肠辘辘，体力吃不消了，于是只好认输，放弃了把兔子大嚼一顿的企图。

可以看到有几个洞穴是狐狸始终不曾到过的，它们是哪几个呢?

假如这只老狐狸道行很深，它可以永远按照上述规律走下去，那么，最终它能吃到兔子吗?

淝水之战

一位大科学家说过，20 世纪的科学只有 3 件大事将被后人记住：相对论、量子力学和混沌。混沌是本世纪最后 20 年，数理科学中的又一次大革命。现在已由计算机制造出了无数的混沌图像，远远超过了任何画家的想象能力。

混沌无处不在。什么叫混沌呢？板起面孔说，它就是对初始条件的敏感依赖性。在中国，古人早就对此有所认识，他们用“大风起于苹末”或者“失之毫厘，差之千里”来加以刻画。在混沌理论中赫赫有名的“蝴蝶效应”其实也就是这个意思：一只蝴蝶在巴西扇动翅膀，有可能在美国得克萨斯州刮起一场龙卷风！

《纽约时报》科技部主任格莱克最喜欢引用一首“三字经”民谣：

钉子缺，蹄铁落；蹄铁落，战马蹶；战马蹶，骑士绝；骑士绝，胜负逆；胜负逆，国家灭。

各种微不足道的误差和偶然因素积累起来，经过一连串湍流式的逐级放大，兴许就能形成非常可怕的宏观不测事件。中国历史上著名的“淝水之战”就是一个例子。

淝水在安徽省境内，河流不大也不长，是淮河的一条支流。公元383年（东晋太元八年）秋天，统一北方的前秦皇帝苻坚统率97万大军南侵，企图一举消灭东晋，统一中国。苻坚统率的大军水陆并进，声势浩大，气势逼人，被吹嘘为“每人投放一条马鞭就足以使长江断流”。

东晋宰相谢安坐镇南京，心情十分平静，还在他的东山别墅里与人下围棋呢！他派遣弟弟谢石、侄子谢玄为前锋都督，抗击来犯之敌。

虽然谢玄的总兵力不到 8 万，与苻坚兵力对比相差悬殊，但谢玄胸有成竹，布阵严整。他在附近的八公山上虚张声势，故布疑阵。苻坚同他的弟弟、秦军主帅苻融登上寿阳城，看见八公山上的草木，以为都是晋兵，心里有点害怕了。苻坚心想：这也是劲敌啊！无疑，在这场心理战前面，他们已吃了败仗。

谢玄又想出一条计策。他派使者对苻融提要求，让秦军稍向后退一点儿，让晋兵渡河，以决胜负。秦军将领都说："我众彼寡，不如遏之，使不得上，可以万全。"这个意见当然是正确的，兵法里也有"不动如山"这样一句话，就是说军队驻守时要像山岳一样，不可动摇。但是苻坚却同意了晋方的要求，打算让晋兵渡到一半的时候发动攻击。他认为这时敌军横渡江河，首尾不接，队列混乱，攻打他们十分有利。

岂知事与愿违，乱的不是敌人，却是自己！秦军往后一退，马上就不可收拾。当时没有健全的通讯设施，后方认为前面已经败了，便争先恐后地亡命奔逃。晋兵趁机发动猛攻。苻融想阻止秦兵盲目退却，不料他的马忽然倒下，混乱中苻融躲避不及死于乱军之中。主帅一死，秦兵犹如群龙无首，更加溃不成军，一败千里。最终晋军取得了淝水之战的胜利。

淝水之战是军事史上以少胜多、以弱制强的著名战役之一。但是，“你若学了混沌，就不会再用老眼光去看世界”，而将从中汲取更深刻的教训！

请 君 入 瓮

司马光编的《资治通鉴》以及许多唐朝野史中都记载了这么一个故事：武则天做女皇时，任用酷吏周兴，捕杀了许多政敌与老百姓。周兴由此飞黄腾达，一直升到右丞相。后来，有人密告周兴阴谋造反，武则天就派另一个酷吏来俊臣来审问周兴。来俊臣拿到武则天密旨后，就写好请帖，请周兴来喝酒。两人对酌，喝得正高兴时，来俊臣向周兴请教："如果囚犯不肯招供，该怎么办呢？"周说："很好办！只要取一个大瓮，放在炭火上烧。若犯人不肯招供，就叫他爬进瓮中，还怕他不招？"

来俊臣点点头，连声称是，马上派人搬来一只大瓮，放在火上烤，一面对周说："有人告你造反，请老兄进这瓮中！"周兴惊恐万状，吓得屁滚尿流，当即跪下，叩头服罪。

“请君入瓮”在军事上是一条很常用的计谋。“瓮”即圈套；做好了圈套，让敌人往里头钻，往往效果奇佳，能将敌人大量杀伤，甚至彻底歼灭，斩草除根。

南宋初，金国统治者命金兀术率领大军南下，企图一举灭宋。有一次，金兀术统率 10 万大军逼近常州、镇江一带，准备渡江。当时镇守东线的是名将韩世忠。他根据当时形势分析，早就料到金兀术会走这条路，已经布置就绪，准备来一次拦江截击。决战那天韩世忠夫人梁红玉亲擂战鼓，将士们越战越勇，渡江的金兵遭到迎头痛击，中箭的、溺死的不计其数。金兀术一见形势不好，便下令全军向西移动，想绕过镇江，在西面长江较狭处再行强渡。韩世忠沿岸追击，不让敌人有喘息机会，直到把金兵逼进黄天荡。

黄大荡是一个死港，好比是死胡同，无路可通。韩世忠见金兵尽入黄天荡，立即把港口封锁，犹如把瓮口塞住，使金兵插翅难飞。这样一来，按计划，至多不出10天，金兵必然粮尽饿死。

可惜后来出了叛徒、内奸，此人向金兀术献计说，黄天荡是连着老鹳河旧道的，现在虽然淤塞，但河底尽是泥沙，容易掘开。金兀术依计而行，终于逃脱了。

在某省举办的小学生数学奥林匹克竞赛中有这样一个问题（见图7－8）：50个空格排成一行，左面第1格中放入1枚棋子“帅”。双方轮流走棋，每步可向右移动1格、2格或3格，但是不能不走，第50格是一只足以烧死人的大瓮。请问：是先走者还是后走者可以取胜？取胜的策略又是什么？

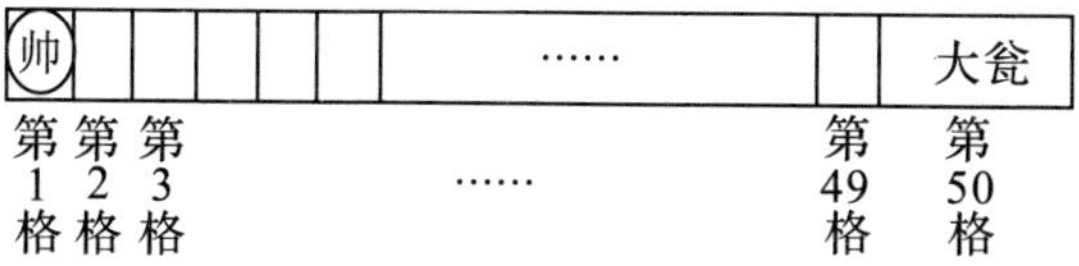

帅 …… 大瓮

第1格 第2格 第3格 …… 第49格 第50格

图7－8

只要认真分析一下，就不难看出，此游戏其实是古老的“抢30”游戏的翻版。谁先抢占第49格，谁就赢了。因为，到那时候，对方不能不走，只好硬着头皮进大瓮。

不难看出，在这样的形势下，先走的一方反而是输家。因为如果他走1格，对方就走3格；他走2格，对方也走2

格；他走 3 格，人家就走 1 格。总之每一轮下来，双方共走 4 格。按照这种策略，后走者必能稳稳地抢占第 5 格、第 9 格、第 13 格直至第 49 格。

这是一种“后发制人”的游戏。后走者赢定了，好比后来的酷吏（来俊臣）制伏了前面的酷吏（周兴）。

现代苦肉计

话说曹操的南侵大军在赤壁大败那天，满江通红，烈火冲天。曹兵着枪中箭，火焚水溺者，不计其数。虽说是诸葛亮借了东风，周瑜指挥有方，但黄盖前来假投降，却是打响了第一枪，起了正面一击的作用。他那天晚上带领20只火船撞入曹军水寨，使曹军兵营中的船只全都燃烧起来——曹军兵营中的船只都被铁环锁住，无法逃避。

老谋深算、精通兵法的曹操，为何竟会相信黄盖的假投降呢？原来，他是中了“苦肉计”。说起苦肉计，它属于“三十六计”中的第6大类，与“美人计”“空城计”“连环计”等可以配套，是克敌制胜的一大法宝。

在一次重要的军事会议上，黄盖故意出言不逊，存心激怒周瑜。这位大都督本欲将他斩首，由于众将官苦苦求情，周瑜下令将黄盖剥去衣服，拖翻在地，痛打50背杖。

黄盖被打得皮开肉绽，鲜血迸流，昏厥几次。假戏真做，连大智大勇的诸葛亮也感叹道：不用苦肉计，岂能瞒过曹操？

曹操也非等闲之辈，他为什么识不破？原来，黄盖曾在孙权的父亲与哥哥手下当过差，是个“老资格”，而周瑜却是一个“小字辈”人物，如今位居其上，怎能甘心？所以从表面上看来，两人之间似乎有很深的矛盾。曹操根据大局来分析，自然就得出黄盖是来真投降的结论。另外，曹操在周瑜营中，也埋伏下了蔡中、蔡和两名奸细，听到他们密报黄盖受刑的消息，就更加深信不疑了。所以说，苦肉计必须同反间计配套，才能发挥作用。

“周瑜打黄盖，一个愿打，一个愿挨”，后来竟发展成为谚语。黄盖虽然挨了打，但只是皮肉受损，并未伤筋动骨，真可以说花的代价最小，而收效却最大。但后世不会再有这种便宜事情。为了取信于人，只有加强力度，层层加码。比如，南宋初期，为了使金兀术相信假投降的骗术，王佐不惜斩断了自己的手臂，才使金国将帅上当受骗，中了他的苦肉计。

可是，故事并没有完，更大、更沉重的代价还在后头呢！

第二次世界大战期间，德国情报机关研制出一种密码机器 ENIGMA，它被夸耀为“猜不透的谜”。这种机器的设定方式多达 1.5 亿兆个可能性，其可怕的天文数字般的组合无法为任何人破译；而当时英国的所谓密码专家是以古典文字研究者和语言学家为主体的，他们自然应付不了。于是，9 位英国最杰出的数论专家被应召入伍，其中包括优秀的青年学者阿伦 · 图林在内。后者果然不辱使命，他认识到，ENIGMA 机器尽管高明，但它永远不可能将一个字母变换为它自身的密码。这就是说，如果发送人击键“R”，则机器可以发送出任何别的字母，但绝不会是字母 R。这个看起来无足轻重的小事却是关键性的发现。以此为突破口，图林终于成功地破译了 ENIGMA 密码。于是，效果逐渐显现，在大西洋游弋的德国潜艇被不断击沉，德国人的军事力量一天天走下坡路。

但是，老成持重的英国首相丘吉尔十分谨慎，他生怕引起德国人的怀疑。如果他们发现密码被解，决定更换一种新的密码，那么一切就将重新回到起点。于是，对敌方迫在眉睫的攻击，丘吉尔有时权衡轻重，迟迟不采取激烈的反措施。比如，丘吉尔明明知道英国城市考文垂是可能成为毁灭性空袭的目标，但他经过深思熟虑之后，决定采用“苦肉计”，不采取特别的预防措施，以免引起德方的怀疑。

这真是一步妙棋：英国人利用破译得来的军事情报已经捞到了很大好处，而德国人却仍在梦中，高枕无忧。他们过于自信，认为自己编制的密码绝对不可能被破译，而把意外损失和军事挫败归咎于队伍的叛卖变节或其他原因。

你看，“苦肉计”与破译技巧相辅相成，使德国人始终蒙在鼓里！

最后一招

巴蒂斯塔将军是个铁腕人物，他是这个南太平洋岛国的独裁者，身兼3职——总统、总理、总司令。在这个国家他的话就是法律，他要谁死谁就得死。被他残暴统治了几十年后，人民忍无可忍，发动了一场武装起义。可惜起义被残酷地镇压下去了，大多数人在战斗中壮烈牺牲。剩下的23人在腹部中弹受伤的汤姆逊的指挥下，边战边退，撤到海边，最后无路可逃，全部被俘获，关进阴暗的城堡里听候发落。

这个酋长国有一个世代相传的惯例：抓到反叛者以后，都要按“每5个人中把第5个人处决，余下的减刑或者释放”（Kill every fifth man）的办法来处理。

第二天一大早，在监狱的大栅栏外面果然下达了命令，但是这一次发生了令人震惊的事。宣读命令的钦差把同一个命令重复了 4 次，逐字逐句地把同样的行刑命令发布了 5 遍。

排队与出列	○○○○⊗○○○○⊗○○○○⊗○○○○⊗○○○
第一道命令后	○○○○ ○○○○ ○○○○ ○○○○ ○○○
第二道命令后	○○○○ ○○○ ○ ○○ ○○ ○ ○○○
第三道命令后	○○○○ ○○ ○ ○ ○○ ○ ○ ○
第四道命令后	○○○○ ○ ○ ○ ○ ○ ○ ○
预期第五道命令后	○○○○ ○ ○ ○ ○ ○

然后，钦差又说："总统有好生之德，他并不希望所有的人都被杀掉，而只是要求把他的命令不折不扣地执行 5 次。"接着，他自鸣得意地作了解释：（如上表）在原有的 23 人中，每 5 人拉出去 1 个，第一次处决的是 4 人，剩下 19 人；重复一遍这样的计算，应该是 3 人砍脑袋，余下 16 人，这是第二次；第三次应当又有 3 人被杀，余下 13 人。第四次应斩杀 2 人，余下 11 人；最后的第五次，应该再杀 2 人。然后，总统就会"大发慈悲"，释放剩下的 9 人。

在这批囚犯中，大利的身材最矮小，但他精明能干，善于擒拿格斗，有勇有谋。他知道巴蒂斯塔也是行伍出身，以前每次处决犯人，他总是在行刑前把他们按身高排成一列。大利是 23 人中最矮的。他心中暗自盘算：假定监狱长从矮个子开始计数的话，我肯定是安全的，因为我总是 1

号。但如果从高个子开始数，那么我总是最后一名，其号数是23号、19号、16号、13号、11号，最后是9号。在这些数目中，能够被5除尽的数一个也没有。也就是说，我每次都能死里逃生，厄运不会降临到我的头上。

犯人们真的在院子里排好队，负伤的汤姆逊由两名狱卒扶着也排好了队。他人高马大，排在第一的位置。

一声吆喝，有4个人出列，向着面对大海的墙壁走去，被杀死了。还活着的人移开了视线。

然后是第二次、第三次的行刑。有人视死如归，也有人哭泣，大多数人已经麻木不仁。

第四道命令执行以后，太阳几乎到了头顶上。烈日下，连手持大刀的刽子手也无精打采了。再来一次例行公事式的屠杀，"典礼"就要结束。

谁知天有不测风云，人有旦夕祸福，就在这时情况突变，站在排头、身负重伤的汤姆逊腹部大出血，突然倒地死了。大利的位置从11号变成10号，死神向他招手了。

"小伙子，赶快出列!"刽子手大喝一声。在这千钧一发之际，"KiII every fifth man"这句话提醒了他，大利猛然醒悟：man是指男人。

于是，他连忙摘下头上的帽子，让头发披到肩上。监狱长与刽子手看得一清二楚，他们顿时目瞪口呆。原来，

大利其实不是“大利”，而是“达丽”，不是男人而是女人。好在汤姆逊可以顶替，“死猪不怕开水烫”，再多吃一枪无所谓，他们已经可以向上交差了。

“血疑”不疑

在20世纪80年代的中后期，日本影星山口百惠可是大名鼎鼎，号称影、视、歌“三栖明星”。山口百惠的代表作是《血疑》，这部连续剧故事情节非常曲折，丝丝入扣，引人入胜。由于收视率极高，无意中向广大群众普及了血型的知识。

近来的科技发现告诉人们，不仅是人，连植物都有血

型。植物没有血液，怎么会有血型呢？根据现代分子生物学理论，所谓人类的血型是指血液中红细胞细胞膜表面分子结构的类型。植物体内虽无血液，却存在汁液，这种汁液细胞膜表面也同样具有不同类型的分子结构，这就是植物也有血型的奥秘所在。

山本茂是日本警视厅科学与刑事侦破研究所的一位工作人员，他发现植物也有血型纯属偶然。仙台市天神町一位大财阀的独生女田中富子在夜间死于床头，一切迹象均显示她是自杀。这个姑娘的血型为 O 型，而枕头上的血却是 AB 型，于是警方将案子定性为他杀；但除此之外并无凶手作案的任何证据。半年之内，警方花费了大量人力物力，还是一无所获。后来山本茂突然产生灵感："莫非枕头内的荞麦皮属 AB 型？"这个火花式的提示给一筹莫展的山本茂以极大的启示。他决定对荞麦皮进行化验，最后发现荞麦皮确属 AB 型，使这个疑案有了结论。

山本茂并未就此止步，他接着对 500 多种植物进行化验，终于证明了"植物也有血型"这个结论。

也许你会说，血型和数学有什么关系呢？众所周知，人类有 4 种血型：O、A、B、AB。在临床上，什么血型的人能输血给什么血型的人，是有严格规定的；而这条输血法则，就是生物数学的一大成就。这些规则可以归结为 4

条（我们用符号 X→Y 表示 X 血型的人可以输血给 Y 血型的人，下面的记号 X、Y、Z 都代表 O、A、B、AB 中的任一种）：1. X→X；2. O→X；3. X→AB；4. 不满足上述 3 条法则的任何关系式都是错误的。

现在请你验证一下：

（1）1、2、3、4 这 4 条法则不存在矛盾；

（2）传递律成立，即可从 X→Y、Y→Z 推出结论 X→Z；

（3）关系式 A→B 是错误的。

从临床实践与研究中我们得出下列结果，用表格记录如下（“+”表示可以输血，“-”表示不可以输血）：

	受血者			
	O	A	B	AB
供血者	+	+	+	+
	-	+	-	+
	-	-	+	+
	-	-	-	+

你看，这个表格完全符合输血法则。总而言之，从实验结果中归纳整理出法则，这是任何发现者必须具备的素质。数学教育、训练的目的正是为此，这比死钻难题有意思多了。

午时三刻劫法场

江州，也就是现在的江西九江市，唐、宋时期就已是一个通都大邑了。名震江湖的及时雨宋江，由于在浔阳楼上喝醉了酒，写下反诗："心在山东身在吴，飘蓬江海漫嗟吁。他时若遂凌云志，敢笑黄巢不丈夫！"后来，东窗事发，宋江不幸被捕归案。宋江虽然装疯卖傻，胡诌自己是"玉皇大帝的女婿，带领十万天兵，阎罗大王做先锋，杀你们这般鸟人"，可是蔡九知府不吃这一套。经过严刑拷打，宋江只好从实招供。不久，混入官府的戴宗又因为伪造文书罪暴露，被25斤重的大枷夹了，一并打入死囚牢中。七月十五中元节一过，两人就要被押赴市曹斩首。

宋江与戴宗两人，在牢里吃过一碗"长休饭"，喝完一杯"永别酒"，狱卒就把他们押到市曹十字路口，只等午时三刻，监斩官一声令下，人头就要落地。

计谋中的数学

时间一分一分地过去了，到了午时三刻，监斩官道：“斩讫报来！”眼看刽子手的大刀就要落下，说时迟，那时快，只见十字路口茶坊楼上一个彪形黑大汉，脱得赤条条的，手握两柄板斧，大吼一声，从半空中跳将下来，手起斧落，砍死了两个行刑的刽子手，随后便往监斩官马前砍将过来。众官兵急忙拿枪去搠，可哪里抵挡得住，只好簇拥着蔡九知府仓皇逃命去了。那个黑大汉当下救出了宋江、戴宗，他，便是大名鼎鼎的黑旋风李逵。《水浒传》的作者施耐庵把这段文字写得惊心动魄，如闻其声，如见其人。

劫法场取得成功，梁山泊好汉大获全胜，这都是军师“智多星”吴用的巧妙安排。午时三刻，这真是一个要命的临界时刻，千钧一发。去早了，很难突破官兵的重重包围圈；去迟了，宋江、戴宗已经人头落地，一命呜呼。

有人问了一个很有意思的问题：古人没有手表，怎样正确掌握时间呢？古人制造定时线香的本事很大，著名小说家李涵秋（《广陵潮》的作者）笔下，提到过明末清初扬州的一位张老汉，他做的香，材料不均匀，形状却像一根绳子，把它烧完，正好需要 1 个小时（从前叫半个时辰）；无论室内室外，风大风小，都不受影响。

请问：如何用两根这样的绳子香来判断 3 刻钟呢？（1 刻等于 15 分钟，古今用法相同；所谓午时三刻，就是 12 点 45 分。）请你开动脑筋，仔细想想，这倒是一道很有意思的智力测验题呢！

（答案：如果用一根绳子香，从两头一起烧，把绳子烧完了就是半小时。要注意，由于绳子做得不均匀，烧完的地方不一定是原来绳香的中点。

同时烧两根绳子香，一根从两头一起烧，另一根只烧一头。当第一根绳子烧完时，马上把第二根的另一头点燃。第二根烧完时，正好就是 3 刻钟。）